DER SCHRECKLICHE PFEILGIFTFROSCH

PHYLLOBATES TERRIBILIS

Michael Wirth & Florian Riedel

Der herrliche *Phyllobates terribilis* ist auch für Einsteiger in die Pfeilgiftfroschhaltung geeignet

Bildnachweis:
Titel: Ein idealer Terrarienpflegling: *Phyllobates terribilis* Bild: Florian Riedel
Kleines Bild: Zwei Jungtiere von *Phyllobates terribilis* Bild: Florian Riedel
Seite 1: Eine Zuchtgruppe von *Phyllobates terribilis* im Terrarium

Alle nicht anders gekennzeichneten Bilder stammen von den Autoren

ISBN: 978-3-86659-176-9

An der Kleimannbrücke 39/41
48157 Münster
www.ms-verlag.de

Geschäftsführung: Matthias Schmidt
Lektorat: Mike Zawadzki & Axel Kwet
Layout:Ludger Hogeback - hohe birken
Druck: Druckhaus Fromm, Osnabrück

Vorwort

SEIT jeher gehören Pfeilgiftfrösche zu den besonders begehrten Tierarten in der Terraristik. Ihre tagaktive Lebensweise, spektakuläre Farben, ein spannendes Sozial- und Fortpflanzungsverhalten sowie die vergleichsweise einfache Nachzucht haben zur weiten Verbreitung dieser herrlichen Amphibien in Menschenhand beigetragen. Da die kleinen Tiere kaum ein Pflanzenblättchen knicken, ist es möglich, das für ihre Pflege benötigte Terrarium in Form eines kleinen Miniaturregenwalds zu gestalten. Die richtige technische Ausstattung vorausgesetzt, wird das Terrarium rasch zum absoluten Blickfang in der Wohnung und erfreut so nicht nur das Herz des Froschliebhabers.

Kaum eine Spezies ist dabei für den Einsteiger besser geeignet als der „Schreckliche Pfeilgiftfrosch“ *Phyllobates terribilis*. Die

Stattliche Erscheinung: *Phyllobates terribilis* gehört zu den größten Pfeilgiftfroscharten

prachtvollen knallgelben, orange oder mintfarbenen Tiere sind nur wenig scheu und verstecken sich selten. Aufgrund ihrer Größe sind die Frösche in der Lage, ein breites Spektrum, auch größerer Futtertiere zu fressen, und sie stellen im Unterschied zu anderen Pfeilgiftfroscharten auch insgesamt keine besonders hohen Anforderungen an den Pfleger.

Aufgrund des außerordentlich starken Hautgiftes von im Freiland gefangenen Exemplaren haben seine Entdecker dem Frosch einen furchteinflößenden Namen verliehen, nicht ahnend, dass sich rund 30 Jahre später sogar regionale Behördenvertreter davon beeindrucken lassen würden. Diese offensichtliche behördliche Unkenntnis ist in höchstem Maße betrüblich, denn das gefährliche Hautgift Batrachotoxin lässt sich bei Nachzuchttieren nicht mehr nachweisen. Eine Gefahr für Leib und Leben des Halters und seines Umfeldes besteht bei der Pflege von Nachzuchten also nicht.

Wir möchten Ihnen im vorliegenden Buch der „Art für Art"-Reihe die Haltung und Nachzucht dieser wunderbaren Tiere vorstellen und hoffen, Ihr Interesse für einen wirklich spektakulären Terrarienbewohner zu wecken.

Pfeilgiftfroschterrarien können ausgesprochen attraktiv gestaltet werden, da die Frösche die Einrichtung nicht beschädigen

Denn „schrecklich" ist er eigentlich gar nicht, „herrlich" trifft es nach unserer Meinung schon sehr viel besser!

Michael Wirth & Florian Riedel
Tübingen & Reutlingen,
im Sommer 2011

Eine Warnung vorweg ...

VOR dem Einstieg in die Pfeilgiftfroschhaltung sind einige grundsätzliche Überlegungen erforderlich. Üppig bepflanzte Regenwaldterrarien mit ihren farbenprächtigen und spektakulären Bewohnern gehören wohl unangefochten zu den optischen Highlights in der Terraristik. Nicht nur Froschliebhaber, sondern auch „normale Betrachter“ verharren mit glänzenden Augen vor dem Miniaturdschungel und beobachten gebannt das fesselnde Verhalten der prächtig gefärbten Frösche. Der Bau und der Unterhalt der Terrarien sowie die Pflege der Tiere sind aber mit erheblichem Zeit- und finanziellem Aufwand verbunden.

Der Einsteiger in die Haltung dieser wunderbaren Amphibien muss sich im Vorfeld ausreichend über die Biologie und die Haltungsanforderungen der gewünschten Art informieren. Der

Wie in freier Natur zeigt der Schreckliche Pfeilgiftfrosch auch im Terrarium keinerlei Scheu

Nebelwald im Wohnzimmer. Terrarien wie dieses wecken Interesse auch bei Nicht-Terrarianern.

Kontakt zu erfahrenen Pfeilgiftfroschzüchtern sei dem Neuling wärmstens ans Herz gelegt, denn auf diesem Weg bekommt man zahllose Tipps und Ratschläge aus erster Hand. Das Gespräch und die Einführung in besondere Kniffe der Haltung und Zucht ersetzen aber dennoch nicht die Beschäftigung mit allgemeiner Terraristikliteratur, beispielsweise über Terrarienbau, Bepflanzung und Futtertierzucht, oder mit spezieller Fachliteratur zu Biologie, Haltung und Vermehrung der Tiere.

Bei Einsteigern entsteht der Wunsch nach einem eigenen Regenwaldterrarium mit Pfeilgiftfröschen zumeist nach Betrachtung einer solchen Anlage bei einem Zoobesuch, der Besichtigung einer privaten Zuchtanlage oder beim Durchblättern einer Terraristikzeitschrift. Sind die Begehrlichkeiten erst einmal ernsthaft geweckt, so bleibt es bei den wenigsten, die von diesem „Dendrobatenfieber“ gepackt wurden, bei einem Terrarium oder einer einzelnen Spezies. Über kurz oder

Vor der grünen Kulisse der Terrarienbepflanzung wirkt die satte Färbung der Frösche beinahe schon künstlich

lang werden dann Kellerräume ausgebaut, spezielle Regalsysteme zur Aufnahme einer großen Anzahl an Terrarien errichtet und die anfänglich zarte *Drosophila*-Zucht zu einem Großprojekt.

Es sei nicht verschwiegen: Die Froschhaltung ist zeit- und arbeitsintensiv! Allein der Bau und die Ausstattung der Terrarien mit der erforderlichen Technik in Form von Beleuchtungs-, Nebel- und Sprühanlagen ist bereits eine Herausforderung. Aber auch die Gestaltung von Terrarienwänden mit beschichteten Styroporkonstruktionen sowie die Einrichtung des Terrariums mit Ästen und Steinen erfordern Vorbereitung und ein akribisches Vorgehen. Mit der Bepflanzung geht es weiter, denn ein Dschungel wächst nicht von alleine im Terrarium, sondern allenfalls aufgrund der konsequenten Aufmerksamkeit des Pflegers und unter idealen Licht-, Temperatur- und Feuchtigkeitsbedingungen.

Beziehen die Frösche dann schließlich das fertig eingerichtete und bepflanzte sowie seit längerer Zeit „eingefahrene“ Terrarium, so fängt die Arbeit eigentlich erst richtig an! Die klimatischen Bedingungen im Terrarium müssen täglich überprüft und gegebenenfalls korrigiert werden, die regelmäßige Versorgung der eigenen Futtertierzuchten will gewährleistet sein, und schließlich muss durch Zurückschneiden der Pflanzen verhindert werden, dass der künstliche Dschungel das gesamte Terrarium überwuchert. Stellen sich dann die ersten Zuchterfolge ein, gesellen sich Batterien an Joghurt- und Quarkbechern für die Aufzucht der Kaulquappen hinzu, die einzeln gefüttert werden und bei denen das Wasser regelmäßig gewechselt werden muss. Andere Hobbys müssen nun wahrscheinlich dem Zeitbedarf der Pfeilgiftfroschhaltung Rechnung tragen und werden konsequent vernachlässigt. Verschiedene Küchengeräte, wie beispielsweise die Kaffeemühle und der Mörser, werden zur Futterzubereitung annektiert und in die Dienste der Froschhaltung gestellt.

Zu diesem Zeitpunkt können dann auch die ersten unerwünschten „Nebenwirkungen“ der Froschhaltung auftreten: Der Teppich- oder teure Laminatboden hat das dritte Mal einen Wasserschaden abbekommen, die Familie streikt angesichts des fortgesetzten *Drosophila*-Bingos in Weingläsern, an Essigflaschen und in Obstvorräten, und die Tapeten fangen aufgrund der hohen Luftfeuchtigkeit an, sich an den ersten Stellen zu wellen. Solche Vorfälle werden in aller Regel zu Diskussionen zwischen dem Froschfan und seinem Umfeld führen. Und warum das alles? Um ein paar Fröschchen sein Eigen zu nennen, die man ja schließlich auch im Zoo oder bei Bekannten bewundern könnte? Weit gefehlt, denn derjenige, den das „Dendrobatenfieber“ gepackt hat, weiß sehr wohl, warum er all das tut. So ist der Zeitpunkt, wenn morgens das Licht über den Terrarien angeht und sich in den zahllosen Wassertropfen auf Bromelien, Farnen und Orchideen bricht, wenn sich die Nebelschwaden langsam lichten und die kleinen bunten Fröschchen mit aufgeregtem melodischem Trillern den Tag beginnen, magisch und nur für denjenigen nachvollziehbar, der das schon selbst erlebt hat und daher genau weiß, warum man nicht mehr auf seine Frösche verzichten möchte ...

Entdeckungsgeschichte des Schrecklichen Pfeilgiftfrosches

DIE Entdeckungsgeschichte des Schrecklichen Pfeilgiftfrosches liest sich ausgesprochen spannend. Sie sei jedem an der Haltung dieser Tierart interessierten Terrarianer zur Lektüre empfohlen, denn als Myers et al. im Jahr 1978 eine neue Pfeilgiftfroschart aus dem Südwesten Kolumbiens wissenschaftlich beschrieben, schilderten die Autoren auch die Erlebnisse ihrer Expeditionen in den Jahren 1971 und 1973.

Auf die Spur der neuen Froschart kamen die Forscher durch die Schilderungen des schwedischen Anthropologen Henry Wassén aus dem Jahr 1935, der von vergifteten Blasrohrpfeilen der Emberá-Indianer aus dem Bereich des Río Saija berichtete. Dabei entdeckte Wassén aber offensichtlich selbst keine Pfeilgiftfrösche in der Region des Río Saija, denn er beschrieb und illustrierte vielmehr einen Pfeilgiftfrosch von dem etwa 150 km nördlicher gelegenen

Es war eine wissenschaftliche Sensation, als 1978 in Kolumbien der giftigste Frosch der Welt entdeckt wurde

unteren Río San Juan. Hier lebt aber ein anderer Stamm der indianischen Bevölkerung, die Noanamá, die ihre Blasrohrpfeile mit dem Gift des dort vorkommenden *Phyllobates aurotaenia* vergiften.

Die Exkursionen von Charles W. Myers und John W. Daly in das Gebiet des Río Saija führten schließlich zum Erfolg, und die Forscher konnten der Welt eine neue Pfeilgiftfroschart präsentieren. Die Entdeckung erwies sich als kleine Sensation, denn die als *Phyllobates terribilis* beschriebene Art erwies sich als ungleich giftiger als alle bis dahin bekannten Pfeilgiftfrösche. Streng genommen verdienten bis zu diesem Zeitpunkt eigentlich nur zwei Arten, der Goldstreifen-Blattsteiger (*Phyllobates aurotaenia*) und der Zweifarbige Blattsteiger (*Phyllobates bicolor*), die Bezeichnung als „Pfeilgiftfrösche“. Mit *Phyllobates terribilis* wurde nun eine dritte Spezies beschreiben, deren Hautsekrete von der indigenen Bevölkerung für das Vergiften von Blasrohrpfeilen (niemals aber von Bogenpfeilen) genutzt werden.

Einen ersten Hinweis auf die außerordentliche Toxizität der goldfarbenen Frösche erhielten Myers und Daly in Form ausdrücklicher Warnungen der die Exkursion begleitenden Indianer. Wie giftig *P. terribilis* aber wirklich ist, sahen die Forscher dann mit eigenen Augen, als sich einige Haustiere der Indianer beim Durchstöbern des mit Hautsekret der Frösche behafteten Expeditionsmülls vergifteten und starben. Später wurden die gesammelten Frösche und deren Hautgifte dann ausführlich im Labor untersucht, und die Ergebnisse gingen mit einer expliziten Warnung vor dem außergewöhnlichen Gift in die Erstbeschreibung ein.

Die Emberá-Indianer nutzen die Hautsekrete von *Phyllobates terribilis*, um damit Blasrohrpfeile zu vergiften

Beschreibung

MIT einer Kopf-Rumpf-Länge (KRL) von bis zu 47 mm ist *P. terribilis* eine der größten bekannten Pfeilgiftfroscharten. Die Färbung des Körpers und der Beine ist bei adulten Fröschen auf Ober- und Unterseite nahezu einheitlich. Neben goldgelben Tieren gibt es auch Frösche mit orange, cremefarbener oder blassgrüner Färbung.

Bei ihren Exkursionen beobachteten MYERS et al. (1978) an den verschiedenen Fundpunkten voneinander abweichend gefärbte Frösche bzw. eine unterschiedliche Häufung der Farbformen. Unter den über 500 Exemplaren, die an der Typuslokalität (dem Ort, von dem das zur Erstbeschreibung dienende Exemplar stammt) Quebrada Guanguí gesammelt wurden, zeigte der Großteil der Individuen Variationen eines einheitlichen Goldgelbs oder Goldorange; nur ein geringer Teil der Tiere war blassgrün oder tieforange gefärbt. Am zweiten Fundpunkt La Brea, der in einer Entfernung von 15 km zur Typuslokalität liegt, fanden die Forscher ein abweichendes Bild vor. So zeigten unter 19 gesammelten Exemplaren 17 einen blassen, metallischen Grünton. Deshalb werden heute als Nachzuchten verfügbare gelbe *P. terribilis* oftmals als „Quebrada

Die mintfarbene Form wird unter Liebhabern häufig als „La Brea"-Morphe bezeichnet Foto: K.-H. Jungfer

Guanguí“ angeboten, während die „Mint“-Morphe auch als „La Brea“ bezeichnet wird.

Aufgrund der großen Ähnlichkeit mit dem nah verwandten *P. bicolor* kam es in der Vergangenheit wie heute häufig zu Verwechslungen der beiden Spezies. *Phyllobates bicolor* ist sehr variabel gezeichnet, weist aber eine von der Oberseite abweichende Färbung der Beine und des Bauches auf; er erreicht mit einer KRL von 39 mm (Männchen) bzw. 43 mm (Weibchen) auch nicht die Größe von *P. terribilis*. Nach LÖTTERS et al. (2007) gab es vor 1996 vermutlich keine *P. terribilis* in europäischen Terrarien. So beziehen sich die umfassenden Verhaltensstudien von ZIMMERMANN & ZIMMERMANN (1985a, b, c) nicht wie angenommen auf *P. terribilis*, sondern tatsächlich auf *P. bicolor*. Als Begründung für diese Einschätzung nennen LÖTTERS et al. (2007) die Färbung, die zu geringe Körpergröße (bezogen auf MYERS & BÖHME 1996) sowie die von der Originalbeschreibung abweichenden Rufe. So liegt die ermittelte Dominanzfrequenz der Rufe von *P. terribilis* unter 1.900 Hz (MYERS et al. 1978), die von ZIMMERMANN & ZIMMERMANN (1985a) aufgezeichneten Dominanzfrequenzen hingegen bei deutlich höheren 2.375 Hz („Krächzer“) bzw. 2.450 Hz („Triller“).

Die *P. terribilis*, die Gegenstand dieses Buches sind, entstammen der sogenannten „Kneller-Linie“.

Äußere Geschlechtsunterschiede lassen sich bei *P. terribilis* kaum erkennen, allerdings weisen MYERS et al. (1978) auf die unterschiedliche Endgröße der beiden Geschlechter hin. So erreichen männliche Exemplare KRL von bis zu 45 mm, Weibchen hingegen bis zu 47 mm. Lediglich die etwas geringere KRL und die geringere Leibesfülle der Männchen geben also einen Hinweis auf das Geschlecht, wenngleich sich bei manchen Männchen im unteren Kehlbereich eine in einen Grauton übergehende Färbung erkennen lässt.

Umgangssprachlich werden die Frösche als „Goldener Blattsteiger“ oder als „Schrecklicher Pfeilgiftfrosch“ bezeichnet. Während sich der erste Name auf die Färbung der Tiere bezieht, so ist die zweite Bezeichnung eine Übersetzung des wissenschaftlichen Artnamens, mit dem MYERS et al. (1978) auf die außerordentliche Toxizität der von dieser Pfeilgiftfroschspezies produzierten Hautsekrete hinweisen.

Systematik

DIE Systematik der Pfeilgiftfrösche wurde von GRANT et al. im Jahr 2006 neu geordnet. Demnach werden in der Überfamilie Dendrobatoidea (den Pfeilgiftfröschen im weiteren Sinne) zwei Familien, die Aromobatidae und die Dendrobatidae (Pfeilgiftfrösche im engeren Sinne), mit jeweils drei Unterfamilien geführt. Die zu den Pfeilgiftfröschen im engeren Sinne zählenden Unterfamilien sind die Colostethinae, die Hyloxalinae und die Dendrobatinae. Zur letztgenannten Unterfamilie zählt auch die im deutschen Sprachraum als Blattsteiger bezeichnete Gattung *Phyllobates*. Das Verbreitungsgebiet dieser Gattung erstreckt sich vom mittelamerikanischen Costa Rica südwärts bis in die westlich der Anden am Pazifik gelegenen Regionen Kolumbiens. Derzeit werden fünf Spezies unterschieden:

WUSSTEN SIE SCHON?
Der wissenschaftliche Gattungsname der Blattsteiger setzt sich aus den zwei griechischen Begriffen phýllon („Blatt“) und bátes („Läufer“) zusammen.

Lange Zeit Gegenstand der Verwechslung: der Zweifarbige Blattsteiger, *Phyllobates bicolor*

Goldstreifen-Blattsteiger, *P. aurotaenia*, (BOULENGER, 1913)
Zweifarbiger Blattsteiger, *P. bicolor*, DUMÉRIL & BIBRON, 1841
Kleiner Blattsteiger, *P. lugubris*, (SCHMIDT,1857)
Schrecklicher Blattsteiger, *P. terribilis*, MYERS, DALY & MALKIN, 1978
Gestreifter Blattsteiger, *P. vittatus*, (COPE, 1893)

All diese Arten besitzen zahlreiche gemeinsame Merkmale, wie beispielsweise eine aposematische Färbung (auffällige Warntracht) und zwei gelbe Rückenstreifen, die bei *P. terribilis* und *P. bicolor* aber nur die Jungfrösche aufweisen. Weiterhin zeigen die Gattungsvertreter keinen Amplexus (Umklammerung) bei der Paarung, und die Larven werden ausschließlich von den Männchen transportiert. Als charakteristisch für die Blattsteiger gilt insbesondere das Vorhandensein des Hautgiftes Batrachotoxin. Innerhalb der Gattung *Phyllobates* sind die mittelamerikanischen Arten *P. lugubris* und *P. vittatus* näher miteinander verwandt, ebenso die südamerikanischen Spezies *P. aurotaenia*, *P. bicolor* und *P. terribilis*. Unter Letzteren sind *P. bicolor* und *P. terribilis* wiederum näher miteinander verwandt als mit *P. aurotaenia*. Nach WIDMER et al. (2000) lassen sich alle fünf Arten genetisch klar unterscheiden.

Junge *Phyllobates terribilis* in der Umfärbung

WUSSTEN SIE SCHON?

Aposematismus beschreibt in der Verhaltensbiologie die auffällige Färbung von Tieren, die damit potenziellen Fressfeinden ihre Ungenießbarkeit und/oder Wehrhaftigkeit signalisieren. Diese Warnfärbung gilt als Gegenteil der Tarnung und wird beispielsweise auch vom einheimischen Feuersalamander (*Salamandra salamandra*) gezeigt.

Gift und Giftwirkung

WIE bereits erwähnt erwies sich die Entdeckung von *Phyllobates terribilis* als kleine Sensation, da sich die Frösche als giftiger als alle bis dato bekannten Spezies erwiesen. Tatsächlich ist das als Batrachotoxin bezeichnete alkaloide Hautgift eines der stärksten tierischen Gifte überhaupt. Ein frisch gefangener *P. terribilis* kann bis zu 1.900 µg Gift enthalten, von denen bereits eine Menge von 2–200 µg für den Menschen tödlich sein kann.

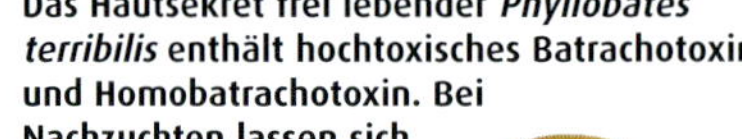

Das Hautsekret frei lebender *Phyllobates terribilis* enthält hochtoxisches Batrachotoxin und Homobatrachotoxin. Bei Nachzuchten lassen sich diese Gifte aber nicht mehr nachweisen.

Das Hautsekret frisch gefangener Frösche muss nicht einmal in die Blutbahn gelangen, sondern kann auch durch Hautporen eindringen und beim Verzehr zu tödlichen Vergiftungen führen. Glücklicherweise verlieren der Natur entnommene Frösche ihre hohe Toxizität sukzessive im Terrarium. Im Laufe von drei Monaten geht der Giftgehalt um 50 % zurück, nach dreijähriger Haltung schließlich um 60 % (MYERS et al. 1978). Bei Nachzuchttieren der F_1-Generation können die gefährlichen Gifte Batrachotoxin und Homobatrachotoxin überhaupt nicht mehr nachgewiesen werden.

Das Gift der Frösche konzentriert sich in Hautdrüsen, die insbesondere in der Haut des Froschrückens zahlreich zu finden sind. *Phyllobates aurotaenia* und *P. bicolor* werden von den Indianern zur Giftgewinnung auf Stöckchen gespießt und zumeist über Feuer gehalten, damit das im Todeskampf austretende Giftsekret gewonnen wer-

den kann. Bei *P. terribilis* ist diese Prozedur nicht erforderlich; aufgrund der hohen Toxizität genügt es bereits, die Blasrohrpfeile einfach über den Rücken des lebenden Frosches zu ziehen, um die Pfeile zu vergiften. Der Frosch bleibt dabei unverletzt.

Aufgrund ihrer außerordentlichen Giftigkeit haben die Frösche nur wenige natürliche Feinde. Nach MYERS et al. (1978) kommt hier neben den Emberá-Indianern beispielsweise die Natter *Leimadophis epinephelus* infrage, die aufgrund einer hohen Toleranz gegenüber Anurengiften in der Lage ist, zumindest Jungfrösche zu erbeuten und zu fressen.

Im Freiland gefangene Kaulquappen von *P. terribilis* zeigten keine Spuren der Gifte, wohl aber ein Jungfrosch mit einer KRL von 27 mm, der bereits 200 µg des Toxins enthielt. Diese Beobachtungen führen zum naheliegenden Schluss, dass die Alkaloide erst nach der Metamorphose synthetisiert und abgesondert werden.

Batrachotoxin wird erstaunlicherweise nicht nur bei Pfeilgiftfröschen der Gattung *Phyllobates* gefunden, sondern auch bei einer bestimmten Vogelgruppe in Papua-Neuguinea. Bei diesen als Pitohuis (*Pitohui* spp.) bezeichneten Vögeln, die damit die ersten nachgewiesenermaßen giftigen Vögel überhaupt darstellen, wurde dasselbe Toxin in Haut, Federn und in der Muskulatur entdeckt. Daher vermutet man, dass Frösche wie Vögel das Gift über die Nahrung in Form von Gliedertieren aufnehmen. Welche Tierart oder -gruppe das Toxin letztlich aber tatsächlich produziert, konnte bis dato noch nicht mit Sicherheit ermittelt werden. Möglicherweise handelt es sich bei den gesuchten Giftproduzenten um Käfer der Gattung *Choresine* (Familie Melyridae, Wollhaarkäfer). Diese Käfer enthalten Batrachotoxin und wurden schon in den Mägen der Vögel gefunden. Da die Familie Melyridae weltweit verbreitet ist, wird vermutet, dass solche Käfer möglicherweise auch Bestandteil der Nahrung der Blattsteigerfrösche in Südamerika sind.

WUSSTEN SIE SCHON?

Die beiden mit *P. terribilis* nah verwandten Arten *P. aurotaenia* und *P. bicolor* scheinen einander hinsichtlich der Toxizität ihrer Hautgifte zu ähneln. Dies verwundert etwas, da *P. bicolor* erheblich größer und auffälliger gefärbt ist, zudem eine weniger versteckte Lebensweise führt und man folglich eine höhere Toxizität erwarten würde. Untersuchungen haben gezeigt, dass *P. bicolor* im Durchschnitt 47 mg Batrachotoxin und Homobatrachotoxin enthält. Die Verwandtschaft in Mittelamerika, *P. vittatus* und *P. lugubris*, produziert dagegen weitaus geringere Giftmengen als die kolumbianischen Arten der Gattung.

Verbreitung und Lebensraum

DER von Myers et al. (1978) beschriebene Holotypus (Exemplar, anhand dessen die Art beschrieben wurde) von *Phyllobates terribilis* wurde im Einzugsbereich des Flusses Río Saija im kolumbianischen Departamento Cauca entdeckt. Dieses pazifische Küstentiefland zwischen Meer und dem westlichen Andenzug der Cordillera Occidental ist von tropischem Tieflandregenwald bedeckt. Die Entdecker liefern eine detaillierte Schilderung des hügeligen Habitats, in dem viele Hänge nicht sanft abfallen, sondern steil sind. Die Fließgewässer führen Klarwasser und fließen über Felsen, Schotter und Sand. Die Hügel im Biotop von *P. terribilis* erreichen Höhenlagen von bis zu 200 m ü. NN.

Das Klima ist als immerfeuchtes, tropisches Regenwaldklima („Af" nach der Köppen-Geiger-Klimaklassifikation) einzustufen, die Monatsmitteltemperatur auch des kältesten Monats liegt demnach über 18 °C. Wenngleich Angaben zur Niederschlagsmenge

Der Schreckliche Pfeilgiftfrosch ist nur aus einem sehr kleinen Verbreitungsgebiet im westkolumbianischen Tiefland bekannt

an der Typuslokalität Quebrada Guanguí fehlen, so ist aufgrund der Werte von nahe gelegenen Klimastationen davon auszugehen, dass die jährliche Niederschlagsmenge mehr als 5.000 mm im Jahr beträgt. Demgemäß ist die relative Luftfeuchtigkeit das ganze Jahr über sehr hoch, insbesondere innerhalb der Wälder, wo die Frösche leben.

Die auffälligen Frösche gelten als noch vergleichsweise häufig, die Habitatzerstörung schreitet aber auch in ihrem Lebensraum voran

Entlang der größeren Fließgewässer gab es bereits in den späten 1970er-Jahren keine unberührten Wälder mehr, der Tieflandregenwald auf den Hängen war zum damaligen Zeitpunkt aber noch intakt. Das Kronendach des Regenwaldes ist nicht übermäßig hoch, einige Urwaldriesen ragen daraus hervor. Die meisten großen Bäume weisen Brettwurzeln auf, und insbesondere hochgewachsene Palmen mit Stelzwurzeln sind häufig. Die Baumstämme sind nur spärlich mit Moosen, im Unterschied zum Boden dafür aber häufig mit kleinen Bromelien bewachsen. Die Dichte des Unterholzes und der Bodenvegetation aus kleinen Bäumen, dünnen Palmen, krautartigen Pflanzen und Farnen variiert und reicht von mäßig offen bis dicht. Die offensten Stellen des Waldes finden sich auf den kieshaltigen Hängen, die aufgrund von Sickerwasser stellenweise sehr feucht sind. Die Laubstreu ist spärlich ausgebildet. *Phyllobates terribilis* ist innerhalb der Wälder überall anzutreffen, er scheint auf den Bergrücken der Hügel ebenso häufig zu sein wie in feuchten Hanglagen oder in der Nähe kleiner Fließgewässer.

Lebensweise im Freiland und im Terrarium

WENNGLEICH im Biotop ausgesprochen häufig, so werden die Frösche nicht in größeren Ansammlungen, sondern vereinzelt über den Wald hinweg verteilt angetroffen. Nur selten kann man zwei Tiere gemeinsam entdecken. Der Ruf von *P. terribilis* kann als melodisches Trillern beschrieben werden, das 6–10 Sekunden lang zu hören ist. Die Dominanzfrequenz des Rufs liegt unter 1.900 Herz und ist damit niedriger als die von *P. aurotaenia*, *P. bicolor*, *P. lugubris* und *P. vittatus*, bei denen diese allesamt höher als 2.000 Herz ist. Ausschließlich männliche Frösche lassen die Trillerlaute ertönen, was andere Männchen ebenfalls zum Rufen veranlasst. Fortpflanzungsbereite Weibchen reagieren auf die Lautäußerungen, indem sie sich dem rufenden Männchen zuwenden und auf dieses zuhüpfen.

Phyllobates terribilis ist nur wenig scheu, und im Terrarium gehaltene Tiere gewöhnen sich rasch ein. Von einer kurzen Ruhephase in der Mittagszeit (11–14 Uhr) abgesehen, die in Versteckplätzen zugebracht wird, sind die Frösche praktisch den ganzen Tag über aktiv und sichtbar. Der Aktivitätsschwerpunkt entfällt dabei auf den Vormittag, und die

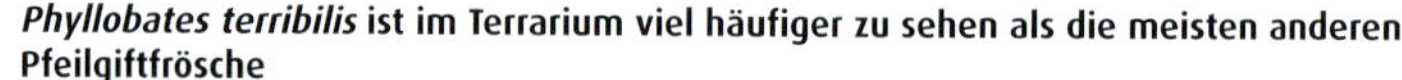

Phyllobates terribilis **ist im Terrarium viel häufiger zu sehen als die meisten anderen Pfeilgiftfrösche**

Frösche sind von 5.30 (Zeitpunkt des Lichteinschaltens) bis 11 Uhr praktisch pausenlos aktiv. Die Tiere ziehen sich erst kurz vor dem abendlichen Erlöschen der Beleuchtung für die Nachtruhe in ihre Versteckplätze zurück. Im Unterschied zu vielen anderen, erheblich scheueren Pfeilgiftfröschen, die bei der Annäherung des Pflegers an das Terrarium sofort in ihrem Versteck verschwinden, bleiben die Blattsteiger selbst beim Öffnen der Terrarienscheiben sitzen; ja, sie hüpfen dem Pfleger in Erwartung von Futter sogar entgegen. Die Frösche lassen sich daher ausgezeichnet bei der Futtersuche und Jagd, bei ihren ausgeprägten Balz- und Fortpflanzungsritualen sowie der Brutpflege beobachten. Während andere Pfeilgiftfroschspezies eine sehr komplexe Brutpflege betreiben, ist diese bei *P. terribilis* vergleichsweise einfach ausgeprägt und umfasst lediglich das einmalige Bewässern des Geleges und den späteren Transport der geschlüpften Larven zu einer Wasseransammlung. Die aktiven Frösche nutzen die gesamte zur Verfügung stehende Fläche im Terrarium und halten sich nicht, wie von Myers et al. (1978) im Freiland beobachtet,

Auseinandersetzungen sind ein äußerst seltener Anblick bei dieser friedlichen Froschart

überwiegend am Boden auf. So klettert *P. terribilis* auch gerne an den Wänden und in der Bepflanzung umher und sucht oft hochgelegene Bereiche auf. Als Versteck- und Schlafplätze werden die Blattachseln von Bromelien oder Stellen zwischen dicht rankenden *Ficus*-Pflanzen aufgesucht. Im Unterschied zu Jungfröschen, die sich auch gerne in der den Boden bedeckenden Laubschicht verstecken, schlafen adulte Tiere selten am Boden.

Die Frösche sind untereinander sehr verträglich und tolerieren sich – einmal aneinander gewöhnt – auch problemlos. Das Ausbilden und Verteidigen von Revieren konnten wir nicht beob-

achten. Je nach Größe des Terrariums pflegen wir aber jeweils immer nur ein Männchen zusammen mit einem oder mehreren Weibchen, Erfahrungen über die gemeinsame Haltung mehrerer geschlechtsreifer Männchen liegen uns daher nicht vor. Als wir einmal einem älteren Pärchen ein adultes Nachzuchtweibchen zusetzten, konnten wir allerdings ein Aggressionsverhalten seitens des alteingesessenen Weibchens – nicht aber seitens des Männchens – gegenüber dem neuen Weibchen beobachten. Über einen Zeitraum von einer Woche wurde der Neuzugang durch Auf-den-Rücken-springen und gleichzeitiges Umklammern des Kopfes mit den Vorderbeinen durch das alte Weibchen attackiert. Das jüngere Weibchen wurde zudem bei der Futtergabe von der Futterschale abgedrängt. Nach einer Woche ließen die Attacken nach, und nach ca. drei Wochen konnten keine Auseinandersetzungen mehr zwischen den beiden Weibchen beobachtet werden. Auch MYERS et al. (1978) wiesen bereits auf die friedliche Koexistenz von *P. terribilis* unter Terrarienbedingungen hin, mit Ausnahme gelegentlicher Rangeleien im Rahmen von Fütterungen. Hierbei kann es aufgrund von Futterneid zu gegenseitigen Amplexus-ähnlichen Umklammerungen um den Körper, häufiger aber um den Kopf herum kommen. Dabei hält sich der umklammernde Frosch mit beiden Handrücken, die gegen die Kinnunterseite des Kontrahenten gedrückt werden, an diesem fest. Beim Greifen werden weder die Handflächen noch einzelne Finger eingesetzt.

Gesetzliche Bestimmungen

***PHYLLOBATES** terribilis* ist im Anhang II des Washingtoner Artenschutzabkommens (Convention on International Trade in Endangered Species, CITES) gelistet. Durch die EG-Verordnung Nr. 338/97 bzw. EU-Verordnung Nr. 709/2010, wo die Art in Anhang B geführt wird, wird das internationale Abkommen in europäisches und damit auch deutsches Recht umgesetzt. Dies bedeutet, dass der Besitz der Tiere meldepflichtig ist und sowohl der Erwerb als auch jede Bestandsver-

Pfeilgiftfrösche stehen unter dem Schutz des Washingtoner Artenschutzabkommens. Daher ist beim Erwerb ein Herkunftsnachweis erforderlich.

änderung durch Nachzucht, Weitergabe oder Tod der zuständigen Behörde mitgeteilt werden muss. Dabei ist die Zuständigkeit regional unterschiedlich geregelt, meist ist aber das Regierungspräsidium oder das Landratsamt der richtige Ansprechpartner. Für den Meldevorgang ist eine Herkunfts- bzw. Nachzuchtbescheinigung erforderlich, die man beim Erwerb der Frösche vom Züchter erhält. Auf dieser Bescheinigung sind beispielsweise deutschsprachige und wissenschaftliche Artbezeichnung, Anzahl der Tiere, Alter, Herkunft, ggf. Geschlecht oder besondere Kennzeichen sowie Name und Anschrift des Züchters erforderlich. Erkundigen Sie sich im Zweifelsfall vor dem Erwerb der Frösche bei der für Ihren Wohnsitz zuständigen Behörde, und erfragen Sie die regionalen Anforderungen, bevor es später zu Problemen kommt.

Besondere Beschränkungen liegen im Bundesland Hessen vor, wo ein regionales Haltungsverbot für *P. terribilis* besteht, das im „Neunten Gesetz zur Änderung des Hessischen Gesetzes über die öffentliche Sicherheit und Ordnung“ vom 28. September

2007 festgeschrieben wurde. Hier regelt der § 43a das Halten gefährlicher Tiere, zu denen nach der „Liste gefährlicher Tierarten" in der Fassung vom 20.01.2009 auch *P. terribilis* zählt. Nach Einschätzung des Gesetzgebers ist hier die Haltung von Tieren verboten, die „in ausgewachsenem Zustand Menschen durch Körperkraft, Gift oder Verhalten erheblich verletzen können". Es besteht jedoch die Möglichkeit für die Erteilung von Ausnahmegenehmigungen vom Haltungsverbot, „wenn ein berechtigtes Interesse an der Haltung (zum Zwecke von Wissenschaft und Forschung oder bei vergleichbaren Zwecken) nachgewiesen wird". Bei Zuwiderhandlung gegen das Haltungsverbot wird dies als Ordnungswidrigkeit mit einer Geldbuße bis zu 5.000 € geahndet. Außerdem können die Tiere sichergestellt und eingezogen werden. Eine Einschränkung macht die Gesetzgebung, denn „das Haltungsverbot gilt nicht für Pfeilgiftfrösche aus nachweislich verlässlichen Nachzuchten", was auch immer das heißen mag. Es bleibt zu hoffen, dass dieses in Hessen bestehende, ungerechtfertigte und sinnfreie Haltungsverbot zeitnah überarbeitet wird.

Wo und wie erwerbe ich Pfeilgiftfrösche?

IN Zoohandlungen ist *Phyllobates terribilis* nur selten erhältlich. Daher führt der Weg meist direkt zum privaten Züchter, denn hier sind gesunde Nachzuchttiere verschiedener Farbformen in der Regel problemlos erhältlich. Zudem erhält man dann auch einen Eindruck von den bisherigen Haltungsbedingungen. Entsprechende Kontakte bekommt man beispielsweise über Kleinanzeigen im Internet (z. B. www.reptilia.de, www.terraristik.com) oder über spezielle Pfeilgiftfroschseiten (siehe „Weitere Informationen"). Auch auf Terraristikbörsen (Termine in der REPTILIA) kann man die Frösche erstehen. Liebhaber von Pfeilgiftfröschen treffen sich insbeson-

DER PRAXISTIPP

Auch wenn die gefährlichen Hautgifte Batrachotoxin und Homobatrachotoxin bei Nachzuchttieren des Schrecklichen Pfeilgiftfrosches nicht mehr nachzuweisen sind, sollte das Herausfangen bzw. Umsetzen der Frösche niemals mit der bloßen Hand erfolgen. Vielmehr gilt es, die Tiere in entsprechende Plastikgefäße hüpfen zu lassen und so den Fang auf für Frösche und Pfleger gleichermaßen schonende Weise durchzuführen.

Harmlose Gesellen: Völlig zu Unrecht wird *Phyllobates terribilis* regional als gefährliche Tierart eingestuft

Zum Schutz vor Temperaturschwankungen sollte der Transport von Pfeilgiftfröschen in einer Styroporbox erfolgen

dere aber auf den speziellen „Froschbörsen“ in Rüsselsheim (www.ruesselsheimer-froschboerse.de) oder im Rahmen der von der DGHT-Arbeitsgemeinschaft Anuren in Marktheidenfeld veranstalteten Jahrestagung (www.anuren.de).

DER PRAXISTIPP

Wie bei anderen Amphibien und Reptilien sollte der Transport von Pfeilgiftfröschen in einer Styroporbox erfolgen, um Temperaturschwankungen insbesondere an kalten oder heißen Tagen zu vermeiden. Im Winter sollte eine schwache Beheizung des Behälters auf ca. 20-24 °C, z. B. durch Zugabe einer kleinen, mit lauwarmem (nicht heißem!) Wasser gefüllten PET-Flasche erfolgen. Zur Vermeidung von Stresssituationen werden die Frösche für den Transport einzeln in kleine, mit einer Lüftung versehene Plastikdosen gesetzt. Dabei sollte sichergestellt sein, dass die Lüftungslöcher von innen nach außen (nicht von außen nach innen) gestochen wurden, damit sich die Frösche nicht an scharfen Kanten verletzen können. Zwingend erforderlich ist die Aufrechterhaltung einer adäquaten Feuchtigkeit, beispielsweise durch Zugabe nassen Haushaltspapiers oder nasser Wattepads. Kleine Pflanzenteile z. B. von Javamoos oder *Ficus*-Pflanzen, aber auch Laub (Buche, Eiche) bieten den Tieren eine Versteckmöglichkeit.

Auswahl der Tiere und Quarantäne

BEI der Auswahl von Pfeilgiftfröschen gilt es, die Tiere genau zu betrachten. Es sollten keine Verletzungen erkennbar sein, und die Frösche sollten einen wohlgenährten, keinesfalls aber einen abgemagerten Eindruck machen. Gesunde Tiere bewegen sich normalerweise mit kleinen, sicheren Hüpfern. Vermeiden Sie es, Frösche zu erwerben, die sich scheinbar unsicher fortbewegen oder zittrige Bewegungen zeigen.

Da auch Frösche krank sein können, müssen neu erworbene Tiere für einen Zeitraum von 2–3 Monaten in Quarantäne gehalten werden. Das Quarantäneterrarium muss selbstverständlich dieselben klimatischen Bedingungen und die dafür erforderli-

Beim Erwerb gilt es, auf den Gesundheitszustand der Tiere zu achten. Hier ein kräftiger Jungfrosch.

Auch augenscheinlich kerngesunde Frösche müssen eine Quarantänezeit durchlaufen

che technische Ausstattung wie das eigentliche Terrarium bieten. Die Einrichtung sollte eine ausreichende Strukturierung und zahlreiche Versteckplätze aufweisen, ansonsten aber spartanisch gehalten sein. Während der Quarantänezeit in monatlichem Abstand vorgenommene Kotuntersuchungen (Adressen von Instituten siehe „Weitere Informationen") geben Auskunft darüber, ob möglicherweise ein Parasitenbefall vorliegt, der eine Behandlung durch einen amphibienkundigen Tierarzt erfordert. Auch andere möglicherweise vorliegende Erkrankungen sind für den Einsteiger nur schwer zu erkennen, selbst wenn umfassende Fachliteratur zur Verfügung steht (MUTSCHMANN in LÖTTERS et al. 2007; MUTSCHMANN 2009; WRIGHT & WHITAKER 2001). Auch im Falle eines Krankheitsverdachts ist daher rasch ein Tierarzt zu konsultieren. Auf der Homepage der Deutschen Gesellschaft für Herpetologie und Terrarienkunde (www.dght.de) kann eine Liste amphibienkundiger Tierärzte eingesehen werden.

DER PRAXISTIPP

Wir raten davon ab, frisch metamorphosierte Jungfrösche zu erwerben. Die Tiere sollten besser ein Mindestalter von drei Monaten haben. In diesem Alter sind Nachzuchten in der Regel stabil und bereiten keine Probleme bei der Eingewöhnung im neuen Zuhause. Da die sichere Geschlechtsbestimmung erst mit Einsetzen der Geschlechtsreife anhand der Trillerlaute der Männchen möglich ist, sollte in jedem Fall eine Gruppe von Jungtieren erworben werden. Auf diese Weise steigt die Chance, Frösche beider Geschlechter zu erhalten. Ist man sich dann später hinsichtlich der Geschlechtszugehörigkeit sicher, können überzählige Tiere ggf. abgegeben oder gegen andere geschlechtsreife Exemplare getauscht werden.

Das Terrarium

DAS Das Terrarium der Pfeilgiftfrösche sollte aus silikonverklebtem Glas bestehen, da andere Materialien der ständigen Feuchtigkeit nicht standhalten. Die Belüftung sollte durch einen etwa 2–3 cm breiten Streifen *Drosophila*-dichter Gaze im unteren Bereich der Vorderseite und einen zweiten ca. 5–8 cm breiten Streifen in der Deckenscheibe erfolgen. So entsteht eine sogenannte Kaminentlüftung, die für einen begrenzten Luftaustausch sorgt. Normale Standardterrarien eignen sich dagegen nur bedingt als Behausung, da deren Belüftungsflächen im Allgemeinen zu groß sind und sich dann nur durch teilweises Abdecken der Lüftung mit einer Glasscheibe eine ausreichend hohe Luftfeuchtigkeit erzielen lässt. Aus diesem Grund empfiehlt sich der Erwerb von speziellen Froschterrarien, die auf Terrarienbörsen oder von spezialisierten Händlern angeboten werden. Diese Terrarien verfügen zudem über eine im Boden befindliche Bohrung und/ oder eine schräg eingeklebte Bodenscheibe. Durch Letztere läuft überschüssiges Wasser im vorderen Terrarienteil zusammen. Die Bohrung bietet dem Froschpfleger eine erhebliche Arbeitserleichterung, da über den Abfluss („Fitting") problemlos überschüssiges Wasser in einen darunter stehenden Eimer abgelassen werden kann, sodass ein lästiges Absaugen mittels Aquarienschlauch entfällt. Weitere Bohrungen sind in der oberen Belüftungsfläche erforderlich, um Zugänge für Nebel- und Beregnungsanlage zu schaffen.

Es empfiehlt sich, das Froschterrarium und die zugehörige Technik bereits einige Wochen vor dem Einsetzen der Tiere in Betrieb zu nehmen

Geräumige Terrarien mit einer strukturierten Einrichtung können auch eine Gruppe von *Phyllobates terribilis* beherbergen

Der Standort des Terrariums sollte kein direktes Sonnenlicht erhalten, da anderenfalls die Gefahr einer Überhitzung für die Frösche besteht. Als Mindestgröße des Terrariums sind für ein Pärchen von *P. terribilis* die Maße 50 x 50 x 50 cm zu betrachten. Besser ist es aber, ein größeres Terrarium zu wählen, z. B. einen Würfel mit einer Kantenlänge von 60 cm oder einer Größe von 120 x 60 x 80 cm (L x B x H). In einem solchen Terrarium ist auch die Unterbringung einer Gruppe von einem Männchen und zwei bzw. mehreren Weibchen möglich.

Spezielle Froschterrarien haben eine schräge Bodenscheibe, einen Abfluss und nur kleine Lüftungsflächen mit *Drospohila*-dichter Gaze

Technische Ausstattung

SOWOHL die Frösche als auch die Pflanzen benötigen Licht im Terrarium. Während sich Blattsteigerfrösche jedoch gerne an halbdunklen Stellen aufhalten und keine Sonnenbäder nehmen, ist insbesondere für ein gesundes Pflanzenwachstum eine ausreichende Lichtmenge erforderlich. Aufgrund der hohen Feuchtigkeit im Terrarium muss die Beleuchtung außerhalb des Beckens angebracht werden. Unsere Terrarien werden ganzjährig von 5.30 Uhr bis 19.00 Uhr beleuchtet, die tägliche Beleuchtungsdauer entspricht demgemäß 13,5 Stunden. Bei kleineren Terrarien (z. B. 50 x 50 x 50 cm oder 60 x 60 x 60 cm) erfolgt die Beleuchtung mit jeweils zwei T8-Leuchtstoffröhren (z. B. Lumilux 865, 18 W), die eine Farbtemperatur von 6.500 Kelvin haben und damit ein tages-

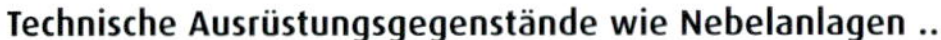

Technische Ausrüstungsgegenstände wie Nebelanlagen ...

lichtähnliches Spektrum erzeugen. Da diese Leuchtstoffröhren kein elektronisches Vorschaltgerät besitzen, wird über das Leuchtstoffröhrengehäuse Wärme abgegeben, die zur Beheizung dient. Eine gesonderte Beheizung ist in normalen Wohnräumen mit einer Grundtemperatur von ca. 20 °C nicht erforderlich. Bei großen Schaubecken ab 1 m Höhe ist eine stärkere Beleuchtung erforderlich, sodass neben zwei T8-Leuchtstoffröhren (mit jeweils 36 W) zusätzlich ein HQI- (70 W) oder ein HCI-Strahler (35 W) angebracht werden muss. Die Notwendigkeit einer UV-Beleuchtung bei der Haltung von Pfeilgiftfröschen wird kontrovers diskutiert. Aufgrund der natürlichen Lebensweise von *P. terribilis* in der Streu- und Krautschicht primärer Tieflandregenwälder, wo aufgrund des dichten Blätterdachs nur selten einmal ein Sonnenstrahl direkt auf den Boden fällt, erscheint die zwingende Notwendigkeit aber zumindest zweifelhaft. Eine UV-Bestrahlung wird von uns deshalb nicht praktiziert. Zur Erzeugung einer hohen Luftfeuchtigkeit muss das Terrarium mehrfach täglich mit Regenwasser oder abgestandenem Leitungswasser besprüht werden. Der günstigste, aber auch aufwändigste Weg führt über die Benutzung eines Drucksprühgeräts, das von Hand bedient werden muss. Spätestens beim Unterhalt mehrerer Pfeilgiftfroschterrarien ist allerdings eine automatische Beregnung mittels Sprühanlage eine erhebliche Arbeitserleich-

... und Sprühanlagen erleichtern die Pflege der Froschterrarien erheblich

Die Pfeilgiftfrösche wissen die Nebel- und Sprühintervalle zu schätzen und reagieren auf die höhere Luftfeuchtigkeit mit gesteigerter Aktivität

terung. Sprühanlagen sind bei spezialisierten Händlern in Systembauweise und unterschiedlicher Leistung erhältlich. Sie können in Abhängigkeit von Terrarienzahl und -größe nach Bedarf zusammengestellt werden. Hierbei stehen neben den normalen Pumpen auch spezielle „leise" Ausführungen zur Verfügung, die auf geräuscharme Weise für Niederschlag im Terrarium sorgen. Diese etwas teureren Pumpen empfehlen sich für geräuschempfindliche Personen oder beim Aufstellen des Froschterrariums im Wohnzimmer. Das Sprühen sollte nicht länger als zwanzig Sekunden andauern, da anderenfalls die Gefahr einer Vernässung besteht. Aus demselben Grund verzichten wir bewusst auch auf mit Pumpen betriebene Bachläufe, da nach unserer Meinung das Terrarium dadurch ebenfalls dauerhaft zu feucht und der Boden zum Sumpf wird. Für die Steuerung der Sprühanlage empfiehlt sich die Verwendung eines sekundengenauen Digitaltimers, der im Unterschied zu herkömmlichen digitalen Zeitschaltuhren ein exaktes Einstellen und somit auch sehr kurze Sprühintervalle ermöglicht.

DER PRAXISTIPP

Drucksprühgeräte, die im Handel für den Gartenbau angeboten werden, eignen sich hervorragend für das Besprühen einzelner Terrarien von Hand. Hierbei bevorzugen wir das Gerät „Gloria Prima 5" mit einem Fassungsvermögen von 5 Litern (Preis ca. 20 €). Im Unterschied zu Billigprodukten sind für dieses Gerät auch Ersatzteile verfügbar, sodass z. B. Sprühdüse und Pumpenmembran bei Verschleiß ausgetauscht werden können.

Als ebenfalls wichtig betrachten wir die Installation eines Ultraschallluftbefeuchters, der als Nebelanlage eingesetzt wird. Ein preisgünstiges und bewährtes

Gerät ist beispielsweise der „Mia LU 017B Ultraschall Luftbefeuchter“, der im Unterschied zu vielen anderen Luftbefeuchtern mit Regenwasser oder abgestandenem Leitungswasser unterhalten wird und nicht mit destilliertem Wasser betrieben werden muss. Durch einen Schlauch leitet das Gerät feinen Nebel in das Terrarium und lässt so die relative Luftfeuchtigkeit rasch auf 100 % ansteigen. Pfeilgiftfrösche genießen die Nebelbildung ganz offensichtlich und reagieren mit deutlich gesteigerter Aktivität! Die Nebelanlage fördert aber nicht nur das Wohlbefinden der Frösche, sondern erzeugt auch einen tollen Schaueffekt. So füllt sich das Becken langsam mit Nebel, der sich dann auf der Terrarieneinrichtung und der Bepflanzung niederschlägt.

Der Pfeilgiftfroschtag beginnt mit dem Betrieb der Nebelanlage, die über eine Zeitschaltuhr gesteuert 20 Minuten lang in Betrieb ist und mit dem Einschalten der Beleuchtung ausgeschaltet wird. Wenige Minuten später beginnt das erste Intervall der Sprühanlage. Abends wird eine umgekehrte Reihenfolge praktiziert, und auf das abendliche Sprühintervall folgt eine weitere Benebelung für abermals 20 Minuten, bevor schließlich die Beleuchtung ausgeschaltet wird.

DER PRAXIS-TIPP

Halogen-Metalldampflampen erzeugen ein sehr helles Licht und eignen sich unter der Verwendung von Brennern der Typen „Daylight“ oder „Neutralweiß“ für die Beleuchtung größerer Terrarien. Der Betrieb der Lampen erfordert die Verwendung eines Vorschaltgeräts. Die beiden Brennertypen HQI und HCI sind kompatibel, Letztere liefern aber eine höhere Lichtausbeute.

Das erforderliche Klima

DIE Grundtemperatur des Raums, in dem das oder die Terrarien für *Phyllobates terribilis* stehen, sollte etwa 20–22 °C, mit einer nur leichten Nachtabsenkung betragen. Durch die Beleuchtung entsteht im Terrarium ein Temperaturgefälle, sodass im oberen Bereich ca. 30 °C herrschen, während der Boden mit einer Temperatur von 22–24 °C kühler ist. Im Unterschied zu anderen Pfeilgiftfroscharten, wie beispielsweise dem Marañón-Baumsteiger (*Excidobates mysteriosus*) oder dem Pasco-Baumsteiger (*Ranitomeya lamasi*), ist *P. terribilis* nicht temperaturempfindlich und übersteht auch ein kurzzeitiges Übersteigen der 30-°C-Marke in der Regel unbeschadet.

Die relative Luftfeuchtigkeit sollte tagsüber bei 60–70 %, morgens und nachts hingegen bei 90–100 % liegen. In den Terrarien werden über den Jahresverlauf hinweg

Die Einrichtung des Terrariums

ES gibt viele verschiedene Möglichkeiten, die Rück- und Seitenwände von Pfeilgiftfroschterrarien zu verkleiden, wodurch die Grundlage zur Gestaltung eines wirklichen „Regenwalds" geschaffen wird. Einen guten Überblick über verschiedene Techniken hierzu bietet beispielsweise das Buch von Wilms (2009).

Im Gegensatz zum Einsatz in trockeneren Terrarien haben sich die sonst in der Terraristik gebräuchlichen dunklen Presskorkplatten ebenso wenig bewährt wie Naturkorkrückwände, da sie die dauerfeuchten Bedingungen im Pfeilgiftfroschterrarium nicht lange überstehen und zerfallen. Eine einfache und schöne, dabei haltbare und kostengünstige Methode möchten wir kurz vorstellen. Als Ausgangsmaterial dient Styropor, das in verschiedenen Plattenstärken in Baumärkten erhältlich ist. Dieses wird in der gewünschten Stärke mit Aquariensilikon (wichtig: enthält keine schädlichen Fungizide!) auf die Wände geklebt und anschließend mit einem Cuttermesser sowie einem Heißluftföhn modelliert. Diese Arbeiten sollten aufgrund der entstehenden Dämpfe in je-

Trocken- und Regenzeiten simuliert; die Häufigkeit, mit der täglich gesprüht wird, variiert demgemäß. So wird in der Trockenzeit von Anfang Mai bis Ende Januar nur zwei Mal täglich, und dann auch nur der obere Bereich der Terrarien besprüht, während das untere Drittel des Terrariums und der Boden vergleichsweise trocken bleiben. Die Einrichtung trocknet nach dem Sprühen aufgrund der Beleuchtung innerhalb von ca. 1 Stunde ab. Während der Regenzeit, die sich von Februar bis April erstreckt, wird hingegen 3–5 Mal pro Tag gesprüht. Zusätzlich wird der Überlauf im Wasserbecken abgeklemmt, sodass der Boden teilweise von Wasser bedeckt ist.

WUSSTEN SIE SCHON?

Die Heimat von *P. terribilis* zeichnet sich durch ein Tageszeitenklima aus, d. h., die Temperaturunterschiede zwischen Tag und Nacht sind größer als zwischen dem wärmsten und dem kältesten Monat. Die Einteilung der Jahreszeiten erfolgt daher nach der Niederschlagsmenge, und es wird dementsprechend zwischen Trocken- und Regenzeit, nicht aber zwischen Frühjahr, Sommer, Herbst und Winter unterschieden.

dem Fall im Freien erfolgen. Man kann die einzelnen Platten aber auch außerhalb des Terrariums bearbeiten und dann die fertigen Bauteile ins Terrarium kleben. Die zweite Variante erfordert ein exaktes

Phyllobates terribilis **benötigt einen jahreszeitlichen Wechsel von Regen- und Trockenzeiten. Dauerfeuchte Bedingungen würden aufgrund der fortgesetzten Paarungsbereitschaft zu einer Auszehrung der Tiere führen.**

Künstlich gestaltete Rückwände lassen sich gut bepflanzen

DER PRAXISTIPP

Bei der Herstellung von Rückwänden aus Latexbindemittel und Kokosfasern kann man auch eine Handvoll Javamoos in kleine Stücke zerpflücken und in das Gemisch einrühren. Bei richtiger Beleuchtung und Feuchtigkeit sprießt das Javamoos anschließend und überzieht die künstlichen Wände.

Abstimmen von Rück- und Seitenwänden, um nicht später feststellen zu müssen, dass die Teile nicht passen. Anschließend wird farbloses Latexbindemittel (z. B. Sycofix) im Verhältnis 1 : 3 mit Kokosfasern vermischt. Kokosfasern werden im Terraristik-Fachhandel in Form getrockneter Ziegel angeboten, die mit Wasser vermischt eine große Menge an Substrat ergeben. Für ein Terrarium der Größe 60 x 60 x 60 cm werden ca. 3 l Latexbindemittel und 9 l Kokosfasern (= 1 Ziegel) benötigt.

Vor dem Mischen mit dem Latexbindemittel muss das Wasser mit der Hand aus der Kokosfasermasse gepresst werden (Einweghandschuhe!), anschließend wird diese Masse in noch feuchtem Zustand eingerührt. Mit der behandschuhten Hand wird das Gemisch so lange geknetet, bis eine homogene Masse entsteht, die dann ca. 1 cm dick auf die Styroporplatten aufgebracht und fest angedrückt wird. Die Trockenzeit der Wände beträgt bei Zimmertemperatur ca. eine Woche, die künstliche Wand ist dann steinhart. Nach dem Abtrocknen müssen die Wände mit einem Drucksprühgerät so lange mit Wasser abgespült werden, bis das zunächst weiß abfließende Wasser klar bleibt. Die Wände können anschließend sofort z. B. mit *Fi-*

Kletterpflanzen wie z. B. *Ficus* spec. werden einfach mit Dekonadeln festgepinnt und müssen bis zum Anwachsen häufig befeuchtet werden

cus-Arten bepflanzt werden, deren Ableger man mit kleinen Dekonadeln festpinnt.

Auch der Boden kann selbst modelliert werden. Hierbei empfiehlt sich aber, anstelle von Styropor das härte Styrodur zu verwenden. Die Styrodurplatte wird so zugeschnitten, dass von hinten nach vorne ein Gefälle von ca. 1,5–2 cm entsteht. Anschließend wird die Platte flächig mit braunem Aquariensilikon beschichtet, mit trockenen (!) Kokosfasern bestreut und z. B. mit einem Handbesen eingepresst. Eine solche Bodenplatte ist bereits nach 24 Stunden trocken und kann, mit Silikon eingeklebt, eine schräge Bodenscheibe ersetzen, da überschüssiges Wasser abfließen und sich vorne sammeln kann.

Der Boden sollte in jedem Fall eine Vertiefung in Form eines kleinen Teiches mit abgeschrägten Wänden aufweisen. Durch die bereits angesprochene Bohrung kann hier über eine Ablassvorrichtung überschüssiges Wasser abgelassen werden. Als „Alternativteiche" haben sich zusätzlich etwa 2 cm hoch mit Wasser gefüllte Paranussschalen bewährt, die gerne von den *Phyllobates-terribilis*-Männchen zum Absetzen von Kaulquappen genutzt werden. Bedeckt man den Bodengrund mit einer Schicht aus trockenem Eichen- oder Buchenlaub, so sieht das nicht nur natürlich aus, sondern schafft auch Versteckplätze. Das für diesen Zweck gesammelte Laub sollte bereits trocken sein und vor dem Einbringen in das Terrarium durch Erhitzen im Backofen (20 Minuten bei 150 °C) sterilisiert werden.

Die Einrichtung, und damit die eigentliche Gestaltung des Terrariums, kann mit vielerlei unterschiedlichen Gegenständen wie beispielsweise Korkeichenästen, Moorkienwurzeln, Urwaldlianen oder Steinen erfolgen. Dem Geschmack sind hierbei (fast) keine Grenzen gesetzt, es empfiehlt sich aber, nicht zu viele unterschiedliche Gegenstände zu verwenden, um das Terrarium nicht zu überfrachten. In jedem Fall vorhanden sein müssen Trockenplätze, z. B. in Form von Schieferplatten, die von den Fröschen sehr gerne angenommen werden und die nach dem Beregnen rasch wieder abtrocknen, denn ein gleichförmig dauerfeuchter Lebensraum führt über kurz oder lang zu Gesundheitsproblemen bei den Fröschen. Die Trockenplätze werden von den Tieren über den Tag hinweg gerne zum „Dösen" aufgesucht.

Wichtige Einrichtungsgegenstände sind auch die sogenannten Laichhäuschen, die von den Fröschen bevorzugt für die Eiablage aufgesucht werden. Sie lassen sich z. B. aus kleinen schwarzen

Zwei bewährte Varianten von Laichhäuschen: Filmdosen ...

... und halbierte Kokosnussschalen

Filmdosen, wie sie in der analogen Fotografie benutzt werden und in Fotofachgeschäften meist sogar kostenlos erhältlich sind, einfach herstellen. Hierzu empfiehlt es sich, eine zweite Filmdose der Länge nach mittig durchzuschneiden und mit dem halben Boden voran wie eine Schublade in ein weiteres Filmdöschen zu schieben. Trotz der recht stattlichen Größe der Frösche werden diese Laichhäuschen sehr gerne angenommen, und Männchen und Weibchen quetschen sich dann gemeinsam hinein. In jedem Terrarium werden 4–5 dieser Laichhäuschen auf der Seite liegend in verschiedenen Höhenlagen angebracht und so in der Terrarieneinrichtung verkeilt, dass sie nicht verrutschen können.

WUSSTEN SIE SCHON?

Xaxim wird aus den Stämmen von Baumfarnen (*Cyathea* spp.) gewonnen. Das poröse Material wird beispielsweise in Form von Ziegeln und Platten, aber auch als Pflanztöpfe angeboten und eignet sich hervorragend für die Verwendung in Regenwaldterrarien. Es kann mit normalen Werkzeugen bearbeitet und mit Aquariensilikon problemlos auf Glasscheiben geklebt werden. Xaxim wurde in der Vergangenheit überwiegend aus der Natur entnommen, was mit zur Zerstörung der Regenwälder beigetragen hat, heutzutage wird es hingegen in Plantagen produziert und mit einem Herkunftsnachweis verkauft.

Werden die Terrarienwände mit Xaximplatten verkleidet, so erlebt man häufig ein grünes Wunder, denn nach einiger Zeit beginnen die enthaltenen Sporen und Samen von Farnen und Moosen zu keimen. Diese Pflanzen überziehen dann die Wände mit einem regelrechten grünen Teppich.

Eine andere in der Pfeilgiftfroschhaltung beliebte Version des Laichhäuschens, bei der eine halbe Kokosnussschale mit einem halbrunden, ca. 3 cm großen Eingangsloch versehen auf eine Pe-

Bromelien eignen sich hervorragend für die Bepflanzung und werden zu Versteckplätzen, Minitümpeln, Aussichtspunkten und Sichtbarrieren gleichermaßen

trischale (Labor- und Krankenhausbedarf, Apotheke) gelegt und dann auf den Terrarienboden gestellt wird, steht den Fröschen ebenfalls jederzeit zur Verfügung. Die Bepflanzung im Pfeilgiftfroschterrarium erfreut nicht nur das Auge des Betrachters, sondern ist auch für die Frösche von großer Bedeutung. Pflanzen verbessern nicht nur das Kleinklima im Terrarium, sondern schaffen Versteck- und Schlafplätze, sind wertvolle Wasserreservoirs und Aussichtspunkte und dienen zudem als Sichtbarrieren und Reviergrenzen.

Die Möglichkeiten der Bepflanzung des Pfeilgiftfroschterrariums sind fast grenzenlos. Gärtnereien, vermehrt auch viele Baumärkte und spezialisierte Onlineshops, bieten eine reiche Auswahl an geeigneten Pflanzen, wie z. B. Bromelien, Tillandsien, Orchideen, Farne, Rank- und Kletterpflanzen. Doch wer die Wahl hat, hat die Qual. Angesichts des überreichen Angebots empfiehlt sich das Studium spezieller Literatur. Wer nicht einfach kurzentschlossen draufloskaufen möchte, sollte sich vor der Auswahl der Bepflanzung ausreichend informieren. Einen guten Überblick über geeignete Pflanzenarten und deren Pflegeansprüche erhält man im Buch „Pflanzen im Terrarium" von Beat Akeret (2008).

Insbesondere Bromelien sind wichtig in Pfeilgiftfroschterrarien, da deren Blattachseln als Versteckplätze dienen und die mit Wasser gefüllten Blatttrichter als Miniteiche fungieren. Es eignen sich insbesondere klein bleibende Arten beispielsweise der Gattungen *Aechmea*, *Guzmania*, *Neoregelia*, *Nidularium*, *Tilland-*

sia und *Vriesea*. Sicherheitshalber sollte auf stark bedornte Spezies verzichtet und lieber auf weichblättrige Arten zurückgegriffen werden. Bromelien und andere epiphytisch lebende Pflanzen wie Farne oder Orchideen können nicht nur in verkleideten Blumen- oder Xaxim-Töpfen in das Terrarium gestellt werden; optisches Highlight vieler Pfeilgiftfroschterrarien sind Epiphytenäste, bei denen die Pflanzen auf Korkeichenäste oder Urwaldlianen aufgebunden werden. Hierzu wird zunächst ein Großteil der Blumenerde um die Pflanzenwurzeln herum entfernt, die Wurzeln werden dann beispielsweise mithilfe eines ummantelten Blumendrahtes oder einer Nylonschnur mit *Sphagnum*-Moos umwickelt und anschließend am Ast festgebunden.

Aber nicht nur Bromelien, sondern auch verschiedene andere Pflanzenarten sind nicht aus Pfeilgiftfroschterrarien wegzudenken.

Hierzu gehört beispielsweise das Javamoos (*Taxiphyllum barbieri*). Vormals überwiegend unter Wasser in Zierfischaquarien zu finden, bildet das Moos auch eine sehr schöne Landform aus und wächst sich – eine ausreichende Feuchtigkeit und Beleuchtung vorausgesetzt – im Laufe der Zeit zu großen Flächen aus. Unter den Rankpflanzen stehen bei Froschliebhabern insbesondere die beiden aus Südostasien stammenden *Ficus*-Arten *F. punctata* und der Eichenlaubficus, *F. scandens*, hoch im Kurs. Beide Arten haben wunderschöne Blattformen und wuchern nicht so sehr wie der bekanntere, als Kletterfeige bezeichnete *F. pumila*. Hält man die Wurzeln von Ablegern dieser Arten sehr feucht, so wachsen die Pflanzen gut an und überziehen nach und nach die Epiphytenäste und Terrarienwände.

Junge *Phyllobates terribilis* verstecken sich gern in der Laubstreu und in den Terrarienpflanzen

Pflegearbeiten

PFLEGEmaßnahmen am Terrarium umfassen die tägliche Kontrolle der klimatischen Bedingungen und der Funktionstüchtigkeit der technischen Ausstattung. Nebel- und Sprühanlage müssen regelmäßig auf ihren Wasserstand hin kontrolliert und ggf. aufgefüllt werden. Zur Beseitigung von Kalkablagerungen sollten insbesondere die Sprühdüsen hin und wieder mit Essig gereinigt werden. Der sprießende Dschungel sollte regelmäßig zurückgeschnitten werden, um einem unkontrollierten Wuchs vorzubeugen. Abgestorbene Pflanzenteile müssen ebenso entfernt werden wie verrottendes Laub, das durch frisches ersetzt wird.

Ernährung

GRUNDLAGE für dauerhaft gesunde Pfeilgiftfrösche ist eine abwechslungsreiche und qualitativ hochwertige Ernährung. Auch die erfolgreiche kontinuierliche Nachzucht und die damit einhergehende Aufzucht der Jungtiere stehen und fallen mit dem Nahrungsangebot. Viele Einsteiger unterschätzen den Aufwand, der betrieben werden muss, um Pfeilgiftfrösche auf Grundlage einer ausgewogenen Nahrungspalette nicht nur eben so am Leben zu erhalten, sondern vielmehr über Jahre hinweg zu pflegen und über Generationen zu vermehren. So genügt es eben nicht, ab und zu mal ein Glas mit Fruchtfliegen (*Drosophila*) ins Terrarium zu stellen und dieses dann nach zwei bis drei Wochen durch ein neues zu ersetzen. Denn wenngleich Fruchtfliegen wichtige Futtertiere und eine Art

Wie alle Futtertiere müssen auch Fruchtfliegen vor dem Verfüttern mit Nahrungsergänzungspräparaten eingestäubt werden

„Schwarzbrot" in der Pfeilgiftfroschernährung darstellen, so kann man die Frösche keinesfalls ausschließlich auf dieser Grundlage ernähren. Betrachtet man das außerordentlich abwechslungsreiche Nahrungsangebot im Freiland, das zahllose unterschiedliche Gliedertierarten umfasst, so wird klar, dass auch im Terrarium Abwechslung erforderlich ist. Glücklicherweise gibt es aber eine Vielzahl geeigneter Futtertierarten, die problemlos im Handel erhältlich oder mit überschaubarem Aufwand selbst gezüchtet werden können.

Eine abwechslungsreiche Ernährung ist das „A und O" der Pfeilgiftfroschhaltung. Sie sollte möglichst viele unterschiedliche Futtertiere umfassen wie z.B. Ofenfischchen (*Thermobia domestica*) …

Phyllobates terribilis unterscheidet sich von vielen anderen Pfeilgiftfroscharten dadurch, dass die Tiere als unspezialisierte Lauerjäger gerne auch größere Futtertiere zu sich nehmen. Andere große Arten, wie beispielsweise der Färberfrosch (*Dendrobates tinctorius*) oder der Blaue Pfeilgiftfrosch (*D. tinctorius*

… oder „Wachsmaden" (*Galleria mellonella*). Fotos: B. Trapp

„*azureus*"), bevorzugen trotz ihrer Größe kleine bis kleinste Futtertiere, fressen davon aber große Mengen. Da erstaunt es, welche im Vergleich dazu großen Brocken von adulten *P. terribilis* gepackt, unter Zuhilfenahme der Vorderbeine ins Maul gestopft und hinuntergeschlungen werden. Auch die von den Fröschen vertilgte Futtermenge ist beeindruckend; die Palette für die Blattsteiger geeigneter Futtertiere ist dabei groß: Fruchtfliegen (*Drosophila*), Springschwänze (*Collembola*), Ofenfischchen (*Thermobia domestica*), Stubenfliegen (*Musca domestica* – sowohl die Wild- als auch flugunfähige „Terfly"-Form), Wachsmotten und deren Raupen (*Achroea grisella*, *Galleria mellonella*), Heimchen (*Acheta domesticus*) oder Grillen (*Gryllodes* spp. bzw. *Gryllus* spp.) und sogar kleine, bis ca. 7 mm große Argentinische Waldschaben (*Blaptica dubia*) werden problemlos gefressen. Auch im Wald und auf Wiesen (nicht aber auf Asphaltstraßen oder im Kompost) gesammelte Regenwürmer (*Lumbricus* spp., *Dendrobaena* spp.) werden gerne genommen, wobei große Würmer zerteilt und mit der Pinzette angeboten werden sollten.

Mikroheimchen eignen sich insbesondere für die Aufzucht von Jungfröschen, während adulte Tiere auch halbwüchsige Heimchen bewältigen Foto: B. Trapp

Da Fruchtfliegen, Ofenfischchen und Springschwänze in großer Menge verfüttert werden müssen, um adulte Frösche satt zu bekommen, empfiehlt sich die regelmäßige Gabe beispielsweise von (etwas größeren) Wachsmaden, Grillen und Schabenbabys.

Zwar haben all diese Futtertiere unterschiedliche Nährwerte, der kontinuierliche Zusatz hochwertiger Nahrungsergänzungsmittel ist trotzdem unabdingbar. Standen bis vor wenigen Jahren lediglich die Supplementierung mit Vitaminen, Mineralstoffen und Spurenelementen im Vordergrund, so erfährt heute zu Recht insbesondere auch die Versorgung mit Aminosäuren eine vermehrte Aufmerksamkeit. In der Praxis bewährt haben sich beispielsweise die Nahrungsergänzungspräparate „Korvimin® ZVT + Reptil“, „Reptivite™“ und „herpetal® Amphib“. Es besteht aber auch die Möglichkeit, sich ein entsprechendes Präparat nach der Rezeptur von BIRKHAHN (1991) selbst herzustellen.

Sämtliche Futtertiere, mit Ausnahme der Springschwänze, sollten vor dem Verfüttern mit den genannten Präparaten eingestäubt werden. Dazu werden die Insekten mit einer kleinen Menge des Pulvers in ein kleines Gefäß gegeben und vorsichtig geschüttelt, bis sie eingestäubt sind.

DER PRAXISTIPP

Wir empfehlen, unter den Grillen auf Heimchen zurückzugreifen, da diese weich sind und auch im fast ausgewachsenen Zustand noch von den adulten Fröschen überwältigt werden können. Selbst Heimchen, die sich eine Weile im Terrarium verstecken und dort heranwachsen, werden schließlich doch noch erwischt und gefressen. Adulte Grillen hingegen sind auch für *P. terribilis* zu groß und können erhebliche Schäden sowohl an der Terrarienbepflanzung als auch an Gelegen anrichten.

Wird Futter gereicht, kommen alle *Phyllobates terribilis* rasch zum Futterplatz, um sich ihren Anteil zu sichern

Futtertierzuchten

OB man Futtertiere im Handel bezieht oder selbst züchtet, ist natürlich jedem selbst überlassen. Wir sind aber der Meinung, dass der eigenen Futtertierzucht der Vorzug zu geben ist, da man auf diesem Wege sicherstellen kann, dass bereits die Insekten eine hochwertige Nahrung erhalten, die dann wiederum den Fröschen zugutekommt. Zudem ist beim Unterhalt einer eigenen Futtertierzucht die dauerhafte und kontinuierliche Verfügbarkeit von Nahrung sichergestellt, da man von Lieferengpässen kommerzieller Quellen unabhängig ist. Insbesondere die Zucht von Heimchen, *Drosophila* und Springschwänzen hat sich gleichermaßen als produktiv und praktikabel bewährt.

Auch Schaben lassen sich leicht selbst züchten. Als Futter für *Phyllobates terribilis* eignen sich kleine Schaben bis ca. 7 mm Länge.

***Drosophila*-Zuchtansatz**

Doch auch die Nachteile der eigenen Futtertierzucht seien hier nicht verschwiegen, denn sie fordert eben nicht nur Zeit und Platz, sondern kann auch zu Geruchs- und Lärmbelästigungen führen. Zudem können sich aufgrund unsachgemäßer Unterbringung aus der Zucht entwichene Futtertiere rasch zu einem ernsthaften Problem entwickeln, und es kann es in der eigenen Zucht, beispielsweise von *Drosophila* in den hei-

ßen Sommermonaten, zu Einbrüchen oder gar Komplettverlusten kommen, sodass man doch wieder auf Futtertiere aus dem Handel zurückgreifen muss.

Werden Futtertiere nicht selbst gezüchtet, so sollten diese vor dem Verfüttern in jedem Fall gut ernährt werden

Als mögliche Bezugsquellen für Futtertiere und Zuchtansätze kommen spezialisierte Futtertier- und Zoohandlungen infrage. Entsprechende Annoncen findet man im Internet oder auch in Fachzeitschriften (z. B. REPTILIA, TERRARIA, siehe „Weitere Informationen"). Auch auf Terraristikbörsen (Termine in der REPTILIA) werden regelmäßig Futtertiere und entsprechende Zuchtansätze angeboten.

Es gibt zahllose Rezepte und Anleitungen zur Zucht von Futtertieren, und viele Terrarianer schwören auf ihr eigenes, spezielles Prozedere. Aus Platzgründen sei für weiterführende Informationen zur Futtertierzucht auf die Werke von FRIEDERICH & VOLLAND (2005) bzw. von BRUSE et al. (2003) verwiesen. Darüber hinaus gibt es auch eine Vielzahl hervorragender Internetseiten, die sich mit der Futtertierzucht für Pfeilgiftfrösche beschäftigen (siehe „Weitere Informationen").

Futtertiere für *Phyllobates terribilis* lassen sich leicht selbst züchten, sind aber auch im Handel erhältlich

Fütterung

DIE Nahrung für *Phyllobates terribilis* wird je nach Futtertierart unterschiedlich gereicht. Während Springschwänze einfach auf die den Boden bedeckenden Laubschicht ins Terrarium gekippt werden und sich hier verteilen, sollten andere Futtertiere aus hygienischen Gründen entweder in Schälchen oder mit der Pinzette gereicht werden. *Drosophila*, kleine Heimchen und Terfly-Fliegen werden nach dem Bestäuben mit Nahrungsergänzungspräparaten in kleine Schälchen gegeben und ins Terrarium gestellt. Hierfür haben sich kleine Blumenuntersetzer aus Kunststoff oder Glas mit einem Durchmesser von 3–4 cm sowie Petrischalendeckel mit geringer Höhe bewährt. Die Schalen sollten nach jedem Gebrauch gut gereinigt werden.

Aufgrund der geringen Scheu der Frösche werden größere Futterinsekten wie beispielsweise mittelgroße Heimchen, kleine Schaben oder Wachsmottenraupen mit einer langen dünnen Pinzette gereicht. Diese Art der Fütterung ermöglicht eine Kontrolle der von jedem Frosch aufgenommenen Nahrungsmenge, gleichzeitig wird auch verhindert, dass Futtertiere entkommen und sich im Terrarium verstecken.

Da *P. terribilis* ausgesprochen verfressen ist und zudem auch große und gehaltvolle Insekten bewältigt, besteht

Phyllobates terribilis **scheut auch vor größeren Futterinsekten nicht zurück, die dann mithilfe der Vorderbeine ins Maul gestopft werden**

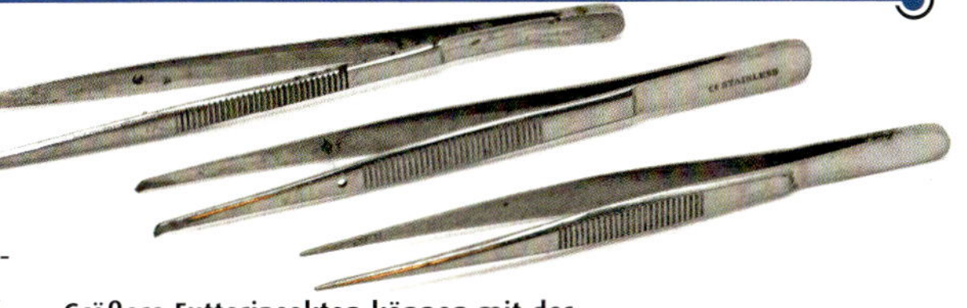

Größere Futterinsekten können mit der Pinzette ...

die Gefahr einer Überfütterung und damit einer Verfettung der Frösche. Dies muss zur Vermeidung von Gesundheitsproblemen und zur Aufrechterhaltung der Fortpflanzungsbereitschaft jedoch unbedingt vermieden werden. Es empfiehlt sich daher, ausgewachsene Frösche nur zwei Mal in der Woche zu füttern. In der simulierten Regenzeit, in der die Fortpflanzungsaktivitäten sehr ausgeprägt sind und Weibchen alle 2–3 Wochen ein Gelege produzieren, ist aber insbesondere auf deren Versorgung mit einer ausreichenden Futtermenge zu achten. In dieser Zeit sollte das Fütterungsintervall vorübergehend auf eine dreimalige Fütterung in der Woche ausgeweitet werden.

Die Frösche beißen dann in alles hinein, was sich bewegt, im Zweifelsfall auch in die Düse des Drucksprühgerätes oder in den Finger des Pflegers. Diese Futtergier und die Annäherung in Erwartung von Futter lassen sich bereits nach kurzer Eingewöhnungszeit beobachten. Zur Vermeidung stereotyper Verhaltensweisen sollte die Fütterung nicht immer zur selben Tageszeit erfolgen. Auch versteckte Frösche lassen sich dann mit Futtergaben jederzeit aus ihren Versteckplätzen locken.

Bereits Myers et al. (1978) haben auf das Lernvermögen von im Terrarium gehaltenen *P. terribilis* hingewiesen. Tatsächlich wird bereits das Öffnen der Terrarienscheiben rasch mit dem Erhalt von Nahrung assoziiert.

... kleinere hingegen in flachen Schalen gereicht werden

Voraussetzungen zur Nachzucht

ZAHLREICHE Pfleger von *P. terribilis* erzielen gute Nachzuchtergebnisse, indem sie die Tiere paarweise zusammenhalten. Eine entsprechende Terrariengröße vorausgesetzt, hat sich bei uns aber nicht nur die Haltung von Pärchen, sondern auch von Gruppen aus einem Männchen und mehreren Weibchen bewährt. Die gemeinsame Haltung mehrerer Weibchen ist nach unserer Meinung zu bevorzugen, da sich dann der vom Männchen aufgebaute Fortpflanzungsdruck verteilt und das einzelne Weibchen demgemäß geschont wird. Eine Trennung der Geschlechter zur Stimulation und Paarungsauslösung ist nicht erforderlich.

Männliche *P. terribilis* erreichen die Geschlechtsreife mit einer KRL von ca. 37 mm, Weibchen hingegen erst mit 40–41 mm. Die Tiere sind zu diesem Zeitpunkt etwa 16–20 Monate alt. Die einsetzende Geschlechtsreife junger Männchen lässt sich durch beginnende Rufaktivitäten feststellen. Die Rufe der Männchen sind bei

Kniffelige Geschlechtsbestimmung: *Phyllobates terribilis* zeigt nur gering ausgeprägte äußere Geschlechtsunterschiede

uns über den ganzen Tag hinweg vernehmbar, überwiegend aber morgens von 6–10 Uhr und am späten Nachmittag von 16–18 Uhr. Eine deutliche Zunahme der Rufaktivitäten lässt sich nach dem Besprühen des Terrariums bemerken. Eine interessante Beobachtung betrifft die in unseren Breiten im Frühjahr und Sommer auftretenden Gewitter, die mit besonders ausgeprägtem Balzverhalten der Frösche einhergehen.

Weibchen des Schrecklichen Pfeilgiftfroschs bei der Eiablage. Das Männchen hat die Filmdose nach der Spermienabgabe bereits verlassen.

Fortpflanzung

PHYLLOBATES *terribilis* ist außerordentlich fortpflanzungsfreudig. Prinzipiell können das ganze Jahr über Gelege produziert werden. Die Hochphase der Fortpflanzungsbemühungen fällt in die simulierte Regenzeit von Mitte Februar bis Anfang Juni. In dieser Periode legen geschlechtsreife Weibchen alle 2–3 Wochen Eier, teilweise kann das Intervall aber auch kürzer sein. Erst mit Ende der Regenzeit brechen wieder ruhigere Zeiten an, die den Fröschen auch unbedingt gegönnt werden sollten, um ihre Verausgabung zu vermeiden. Zudem wird es in den Sommermonaten im Terrarienzimmer recht warm, und so werden schon aufgrund der steigenden Temperaturen ab Juni weniger Gelege produziert.

Die Eizahl ist variabel und vom Alter des Weibchens abhängig. Während jüngere Weibchen zumeist kleinere Gelege mit 10–14 Eiern produzieren, enthalten die Gelege älterer Weibchen in der Regel 10–30 Eier. Ohne Gallerthülle gemessen, haben die Eier von *P. terribilis* einen Durchmesser von durchschnittlich 2,5 mm. Die ersten 4–5 Gelege junger Weibchen entwickeln sich oft

Frisches Gelege, das unter einer halbierten Kokosnuss abgesetzt wurde

nicht, sondern verpilzen zumeist. Dies liegt unserer Beobachtung nach nicht etwa an den ebenfalls noch jungen Männchen in neuen Zuchtgruppen, sondern lässt sich auch dann beobachten, wenn man junge Nachzuchtweibchen in ältere Zuchtgruppen mit bewährten Zuchtmännchen integriert.

Beginnt das Männchen mit seinen Triller-Rufen, reagieren die im Terrarium befindlichen Weibchen praktisch augenblicklich mit phonotaxischen Reaktionen: Sie drehen Kopf und Körper in Richtung des Rufers und beginnen, auf das Männchen zuzuhüpfen. Beim Männchen angekommen, beginnt das Weibchen, mit dem Vorderfuß über dessen Rücken zu streichen, was das Männchen zur Suche nach einem geeigneten Laichplatz veranlasst. Das Weibchen folgt dem Männchen bei dessen Suche kreuz und quer durch das Terrarium und streicht ihm dabei immer wieder mit dem Vorderfuß über den Rücken.

Phyllobates terribilis legt sein Gelege, wie andere Pfeilgiftfrösche auch, bevorzugt auf glatten Oberflächen ab. Als mögliche Laichplätze werden zwar auch die als Laichhäuschen im Terrarium befindlichen Petrischalendeckel mit darübergestülpten Kokosnusshälften angenommen, bevorzugt werden aber ganz offensichtlich die aus schwarzen Filmdöschen bestehenden Laichplätze. Hat sich das Männchen für einen Laichplatz entschieden, hopst es hinein, und das Weibchen folgt ihm. Haben die Tiere eine Filmdose als Laichplatz gewählt, kann es unfreiwillig komisch erscheinen, wenn sich zwei große Frösche in eine winzige Dose quetschen, die eigentlich gerade einmal Platz für ein erwachsenes Tier bietet. Das Männchen gibt zunächst Sperma an der Ablaichstelle ab, bevor das Weibchen anschließend die Eier hierauf absetzt und das Gelege befruchtet wird. Während das Männchen die Filmdose bereits nach etwa einer halben Stunde wieder verlässt, verbleibt das Weibchen zum Absetzen der Eier für 2–3 Stunden im Laichhäuschen.

Eine halbierte Fotodose, im Sinne einer Schublade in eine zweite eingeschoben, erleichtert die Entnahme des Geleges

Gelegezeitigung und Haltung der Kaulquappen

UM ein möglichst optimales Nachzuchtergebnis zu erzielen, sollten die Filmdosen mit den Gelegen aus dem Terrarium entnommen und außerhalb des Beckens gezeitigt werden. Die Entnahme des Geleges sollte aber erst 2–3 Tage nach der Eiablage erfolgen, da unserem Eindruck nach die Gefahr einer Verpilzung des Geleges dann deutlich geringer ist, als wenn die Eier unverzüglich nach der Ablage aus dem Terrarium genommen werden.

DER PRAXISTIPP
Manche Kaulquappen haben Schwierigkeiten, das Ei zu verlassen. In diesem Fall empfiehlt es sich, vorsichtig Schlupfhilfe zu leisten. Hierzu kann man entweder die Handdrucksprühpumpe verwenden und durch vorsichtiges Besprühen die Kaulquappe aus der Gallerthülle befreien oder Letztere mit einer Injektionskanüle (Apotheke) behutsam und mit ruhiger Hand aufstechen.

Zur Entnahme wird die komplette Filmdose aus dem Terrarium entnommen, das auf der als „Schublade“ fungierenden halbierten Filmdose liegende Gelege herausgezogen und in eine transparente Grillendose (ohne Lüftungslöcher!) gelegt. Anschließend wird eine kleine Menge Regenwasser in diese Grillendose gefüllt. Der Wasserstand ist dabei so zu wählen, dass die Eier zwar benetzt, nicht aber bedeckt werden. Danach wird die Dose mit dem Deckel verschlossen. Dadurch wird Wasserverlust durch Verdunstung vermieden und eine hohe Luftfeuchtigkeit erzielt.

Die Kaulquappenaufzucht ist problemlos mit einer selbst hergestellten Futtermischung möglich, ...

Die Behälter zur Eizeitigung sollten ohne gesonderte Beheizung und Beleuchtung bei Tageslicht, aber nicht unter direktem Sonneneinfall, bei einer Raumtemperatur von 22–24 °C aufgestellt werden. Dies gilt im Anschluss auch für die Gefäße mit den Kaulquappen. Während der Laichentwicklung ist darauf zu achten, ob sich tatsächlich alle Eier ent-

wickeln oder eventuell einzelne Eier oder Teile des Geleges absterben und verpilzen. Verpilzte Eier sollten vorsichtig, ohne benachbarte intakte Eier zu beschädigen, entfernt werden. Hierfür eignen sich beispielsweise stumpfe Teelöffel oder in der Apotheke erhältliche Plastikpipetten.

... die zu einem feinen Pulver gemahlen und mit Wasser vermischt via Pipette gereicht wird

WUSSTEN SIE SCHON?

Bei der gemeinsamen Aufzucht der Kaulquappen mancher Froscharten wird bei zu dichtem Besatz ein sogenannter „Crowding-Effekt“ bzw. „Überfülleffekt“ beobachtet. Hierbei kommt es aufgrund der Absonderung chemischer Stoffe durch die Kaulquappen bei einem Teil der Larven zu Entwicklungsstörungen. Der hinter diesem Regulationsmechanismus stehende biologische Sinn dieses Selbstbegrenzungsmechanismus liegt auf der Hand: So wird die Individuenzahl in einem begrenzten Lebensraum, z. B. einem austrocknenden Laichgewässer, auf ein Niveau reguliert, das zumindest das Überleben eines Teils der Larven sicherstellt.

Bei übersehenen oder bewusst im Zuchtbecken belassenen Gelegen lässt sich das einfache Brutpflegeverhalten der Frösche beobachten. So erscheint das Männchen nach der Eiablage nochmals am Ablageort, um das Gelege zu bewässern, und ein zweites Mal, wenn die Kaulquappen schlupfbereit sind. Das Männchen setzt sich dann auf das Gelege, und die Kaulquappen kriechen mit schlängelnden Bewegungen auf dessen Rücken. Auf diese Weise werden die Kaulquappen huckepack zu einem dem Männchen geeignet erscheinenden kleinen Gewässer transportiert, wo sich die Kaulquappen lösen und ins Wasser gleiten. Der Transport kann sich über mehrere Tage hinziehen, ohne dass die Kaulquappen dabei Schaden nehmen.

Der Schlupf der Larven beginnt ca. 10–12 Tage nach der Eiabla-

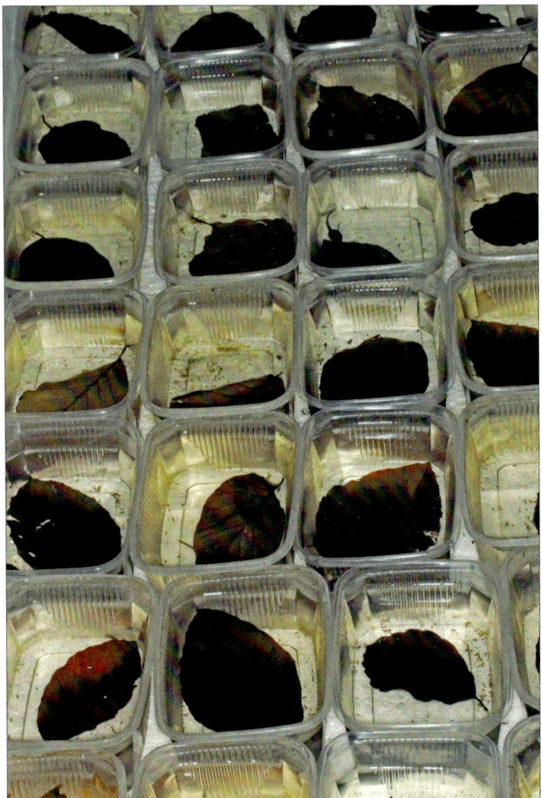

Die Einzelaufzucht der Kaulquappen hat Vorteile, ist aber auch zeit- und platzaufwendig

WUSSTEN SIE SCHON?

Nach MYERS et al. (1978), die detaillierte Längenmessungen vorgenommen haben, besitzen Kaulquappen von *P. terribilis* beim Schlupf eine durchschnittliche Körperlänge von 4,1 mm, bei einer Gesamtlänge von 11,3 mm. 38 Tage nach dem Schlupf beträgt die Körperlänge 12,6 mm, die Gesamtlänge 35,4 mm. Zu diesem Zeitpunkt haben die Kaulquappen bereits gut ausgebildete Hinterbeine.

ge; es kann aber mehrere Tage dauern, bis schließlich alle Kaulquappen eines Geleges geschlüpft sind. Wie bei der Gelegezeitigung empfiehlt sich auch für die Quappenaufzucht die Verwendung von Regenwasser. Prinzipiell ist aufgrund des friedlichen Verhaltens der Kaulquappen von *P. terribilis* eine Gruppenaufzucht möglich, sie wird von uns aber selten praktiziert. Wir bevorzugen vielmehr die Einzelaufzucht, da auf diesem Wege eine bessere Kontrolle möglich ist und ein möglicherweise bei der gemeinsamen Aufzucht auftretender Hemmeffekt („Crowding-Effekt") ausgeschlossen wird.

Die frisch geschlüpften Kaulquappen werden hierfür einzeln in 200 ml fassende Plastikgefäße gesetzt. Diese müssen nicht transparent sein, hervorragend bewährt haben sich beispielsweise Fleischsalat- oder Joghurtbecher. Der Wasserstand sollte in den ersten beiden Wochen, bis die Kaulquappen frei umherschwimmen, etwa 1 cm hoch sein. Die Kaulquappen verhalten sich in den ersten 5–7 Tagen äußerst phlegmatisch, bewegen sich kaum und werden erst anschließend aktiver. Im Verlauf des weiteren Wachstums wird der Wasserstand sukzessive erhöht, er sollte ab der 3. Woche 2 cm und ab der 6. Woche 4–5 cm betragen.

Alle drei Tage sollte ein Wasserwechsel vorgenommen werden. Hierzu wird das Wasser vorsichtig abgekippt, die Kaulquappe mit einem Teelöffel aus dem Restwasser entnommen und in ein Gefäß mit frischem Wasser gegeben. Die Zugabe eines Buchenblattes in das Aufzuchtgefäß verbessert die Wasserqualität. Im Unterschied zur Aufzucht anderer Pfeilgiftfroscharten verzichten wir bei *P. terribilis* aber auf die Zugabe von „Erlenzapfentee" zur Wasserverbesserung.

Die Kaulquappen beginnen wenige Tage nach dem Schlupf mit der Nahrungsaufnahme. Sie werden nach jedem Wasserwechsel, also ebenfalls alle drei Tage, mit einem von uns selbst hergestellten Trockenfutter auf Basis von Zierfischfutter gefüttert. Dieses wird für die Futtergabe mit Wasser vermischt und in Form einer Suspension in die Aufzuchtbehälter gegeben. Für die Herstellung unseres Kaulquappenfutters sind eine ganze Dose à 100 ml/20 g TetraMin® (Hauptfutter für Zierfische), drei Tabletten Tetra Tabi Min® (Futtertabletten für Bodenfische), 3–4 Tabletten Sera® Spirulina Tabs, 2–3 getrocknete Tubifexwürfel, ein Teelöffel getrocknete Daphnien sowie ein Teelöffel getrocknete Rote Mückenlarven erforderlich. Diese Zutaten werden von Hand in einem Mörser oder mit einer elektrischen Kaffeemühle pulverisiert. Zum Verfüttern wird ein Teelöffel des Pulvers mit zwei Teelöffeln Regenwasser angerührt und die entstehende Suspension mittels Einwegpipette in die Kaulquappenbehälter gegeben. Junge Kaulquappen (1.–4. Woche) erhalten jeweils einen Tropfen dieser Suspension, ältere Exemplare, von der 5. Woche bis zur Metamorphose, jeweils drei Tropfen.

DER PRAXISTIPP

In der Regel hat sich nach unserer Erfahrung Regenwasser für die Aufzucht von Kaulquappen bestens bewährt. Lediglich wenn nach langer Trockenzeit der erste Regenfall das Hausdach von Dreck befreit, der dann natürlich gemeinsam mit dem Regenwasser in der Regentonne landet, raten wir von dessen Verwendung ab. In diesen Fällen muss auf über mehrere Tage hinweg abgestandenes Leitungswasser zurückgegriffen werden. Da sich die Werte des Leitungswassers aber sogar innerhalb eines Ortes stark unterscheiden können, ist eine pauschale Aussage über dessen Eignung kaum möglich, sondern abhängig von den lokalen Gegebenheiten.

Metamorphose und Aufzucht der Jungfrösche

WIE andere Kaulquappen entwickeln auch die Larven von *Phyllobates terribilis* zuerst die Hinterbeine, anschließend die Vorderbeine. Sind die Vorderbeine ausgebildet, so steht die Vollendung der Metamorphose kurz bevor, auch wenn die Kaulquappen noch einen recht langen Schwanz haben. Zu diesem Zeitpunkt ist es erforderlich, den Landgang vorzubereiten und die Tiere in Grillendosen mit Luftlöchern zu überführen. Die Dosen sollten in einem Neigungswinkel von 45° schräg aufgestellt werden. Hierzu kann man sie beispielsweise mit einem Styroporkeil unterlegen. Am tiefsten Punkt der Dose sollte der Wasserstand etwa 2 cm betragen, die obere Hälfte des Behälterbodens hingegen darf nicht mehr von Wasser bedeckt sein.

Bereits kurz vor dem Landgang zeigen die kleinen Fröschchen eine Zeichnung, die aber noch deutlich von der adulter Tiere abweicht

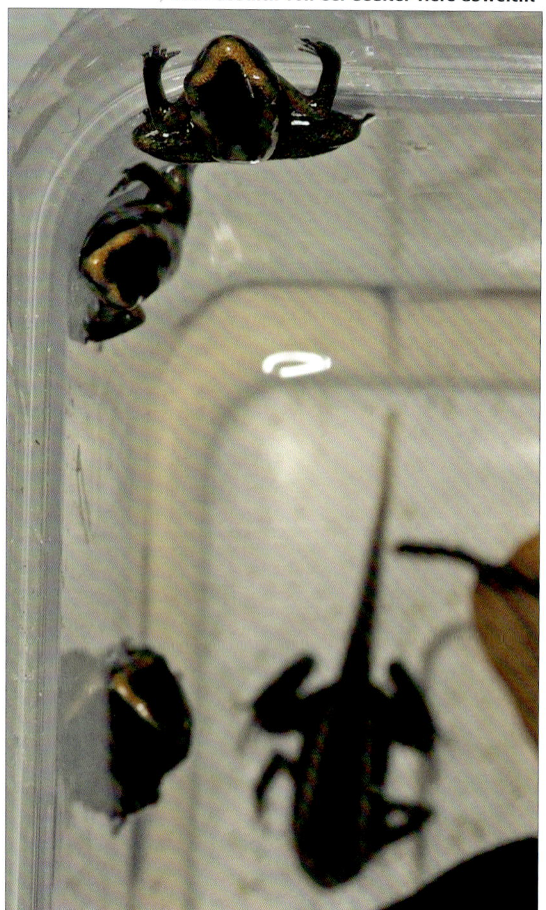

Die metamorphosierten Fröschchen verlassen das Wasser ca. 55–60 Tage nach dem Schlupf und halten sich dann im oberen „Landteil“ des Behälters auf. Das ist der Zeitpunkt, um die Jungfröschchen in das Aufzuchtterrarium zu setzen. Bewährt hat sich eine Terrariengröße von ca. 30 x 30 x 25 cm (L x B x H), die eine Gruppe von 15 Jungtieren bis zu einem Alter von 3–4 Monaten beherbergen kann. Das Aufzuchtterrarium sollte eine große Menge an Springschwänzen enthalten, da die jungen Frösche etwa zehn Tage nach dem Landgang mit

dem Fressen beginnen. Springschwänze stellen die einzige angebotene Nahrung in den beiden ersten Wochen dar, ab der 3. Woche werden zusätzlich auch *Drosophila* und kleine Heimchen gegeben. Ab diesem Zeitpunkt erfahren die Frösche, vermutlich aufgrund des gehaltvolleren, abwechslungsreicheren und größeren Nahrungsangebotes, einen Wachstumsschub. Da nicht alle Fröschchen gleichermaßen wachsen, sollten die Tiere nach 3–4 Monaten, nach Größen sortiert, zu jeweils 4–5 Tieren auf mehrere Terrarien verteilt werden. Die Jungtiere sind untereinander gut verträglich. Unter den genannten Bedingungen haben wir bei gemeinsam aufgezogenen Fröschen nie Reibereien beobachtet, auch nicht bei der Fütterung.

Die Jungtiere werden unter identischen klimatischen Bedingungen wie die erwachsenen Frösche gehalten. Die Terrarieneinrichtung umfasst einige Bromelien sowie eine den Boden bedeckende Schicht aus Buchen- oder Eichenlaub. Aus praktischen Gründen besteht der Bodengrund aus Dachdeckerkork, eine darin eingeschnittene Vertiefung wird mit Wasser gefüllt und dient als kleiner Teich. Eine dünne Schicht

Fortschreitende Umfärbung eines jungen *Phyllobates terribilis*

aus Aquarienkies auf dem Grund erleichtert den Jungfröschen das Verlassen des Wassers.

Im Unterschied zu adulten Exemplaren leben Jungtiere deutlich versteckter. Sie verbringen viel Zeit verborgen in der Laubstreu und verschwinden auch bei Annäherung des Pflegers. Nach etwa sechs Wochen sind die Jungfrösche aber deutlich häufiger zu beobachten und lassen sich nun mit Futtergaben jederzeit aus den Verstecken locken. Auch die weitere Aufzucht bis zur Geschlechtsreife gestaltet sich problemlos. Es empfiehlt sich, die männlichen Tiere, von großen und gut strukturierten Terrarien abgesehen, mit dem Erreichen der Geschlechtsreife zu trennen. Bei artgerechter Pflege kann *P. terribilis* problemlos ein Alter von acht Jahren, teilweise aber auch deutlich darüber hinaus, erreichen.

Dank

WIR möchten uns bei Toni Klinger, Dennis Peukert, Bernd Pieper und Uli Stähle für den kameradschaftlichen Gedankenaustausch und Dialog bedanken. Ein besonderer Dank gilt Helmut Zimmermann für seine Unterstützung bei der Literaturbeschaffung, Karl-Heinz Jungfer für wertvolle Hinweise und die Bereitstellung von Bildern sowie einmal mehr Benny Trapp für die Überlassung einiger phantastischer Fotos.

Florian Riedel möchte dieses Buch seiner Mutter, Michael Wirth seinen Eltern widmen, ohne deren Verständnis, Unterstützung und fortwährende Geduld für das herrliche Hobby in unserer Jugendzeit vieles, so auch dieses Büchlein, nicht zustande gekommen wäre.

Größenvergleich mit einer 5-Cent-Münze

Weitere Informationen

ZUR Vertiefung der in diesem Buch gegebenen Informationen und zum tieferen Einblick in terraristische und herpetologische Themenbereiche empfehlen sich die Mitgliedschaft in einem Verein gleich gesinnter Terrarianer und ein intensives Literaturstudium. Die folgenden Auflistungen sollen dabei behilflich sein, einen Einstieg in die Thematik zu finden, können aber natürlich nur einen kleinen Ausschnitt aufzeigen.

Zeitschriften

REPTILIA, TERRARIA
Terraristik-Fachmagazine erscheinen je sechs Mal jährlich,
mit Internetportal für Kleinanzeigen
Natur und Tier - Verlag GmbH
An der Kleimannbrücke 39/41
48157 Münster
Tel.: 0251-133390
E-Mail: verlag@ms-verlag.de
www.reptilia.de

DRACO
Terraristik-Themenheft
erscheint vier Mal jährlich
Natur und Tier - Verlag, s. o.

Sauria
Terraristik und Herpetologie
erscheint vier Mal jährlich
Terrariengemeinschaft Berlin e.V.
Bruno Treu, Gardes-du-Corps-Str. 12, 14059 Berlin
E-Mail: abo@sauria.de
www.sauria.de

Artenschutzfragen

Bundesamt für Naturschutz
Artenschutzvollzug
Konstantinstr. 110, 53179 Bonn
Tel.: 0228-8491-1311
E-Mail: citesma@bfn.de
www.bfn.de

Untersuchungsstellen

Kotproben, Sektionen und andere Untersuchungen können von spezialisierten Tierärzten oder von veterinärmedizinischen Untersuchungsstellen, die es in vielen Städten gibt, vorgenommen werden. Eine Liste mit Tierärzten, die sich mit Reptilien und Amphibien beschäftigen, kann über die DGHT bezogen oder auf www.dght.de eingesehen werden. Überregional bekannt sind z. B. folgende Einrichtungen:

- Exomed, Erich-Kurz-Str. 7, 10319 Berlin, Tel.: 030-5112008
E-Mail: labor@exomed.de, www.exomed.de
- Universität München, Institut für Zoologie, Fischereibiologie und Fischkrankheiten der tierärztlichen Fakultät, Kaulbachstr. 37
80539 München, Tel.: 089-2180-2687, E-Mail: office@zoofisch.vetmed.uni-muenchen.de, www.vetmed.lmu.de/zoofisch/
- Chemisches und Veterinäruntersuchungsamt Ostwestfalen-Lippe
Westerfeldstr. 1, 32758 Detmold, Tel.: 05231-9119,
E-Mail: poststelle@cvua-detmold.nrw.de, www.cvua-owl.nrw.de
- Vet Med Labor GmbH, Mörikestraße 28/3, 71636 Ludwigsburg
Tel.: 01802-838633, E-Mail: info@vetmedlabor.de
www.vetmedlabor.de (für privat nur über Ihren Tierarzt)

Vereine und Interessengruppen

Die Deutsche Gesellschaft für Herpetologie und Terrarienkunde (DGHT; www.dght.de; DGHT e. V., Postfach 1421, 53351 Rheinbach, Tel.: 02225-703333, E-Mail: gs@dght.de) ist mit über 7.000 Mitgliedern die weltweit größte Gesellschaft ihrer Art und bringt Wissenschaftler und Hobbyherpetologen zusammen. Mitglieder erhalten vierteljährlich mindestens zwei verschiedene herpetologische/terraristische Zeitschriften.

Innerhalb der DGHT existiert die AG Anura, die sich mit allen Fröschen beschäftigt, also auch mit dem Schrecklichen Pfeilgiftfrosch. Sie gibt gemeinsam mit der AG Urodela eine eigene Zeitschrift heraus („amphibia") und veranstaltet jährliche Fachtagungen. Kontakt über die DGHT.

Dem Anfänger in der Pfeilgiftfroschhaltung empfiehlt sich ein Kontakt zu erfahrenen Züchtern

Internet

Das Internet ist auch bei der Informationsbeschaffung über Pfeilgiftfrösche eine wertvolle Quelle. Gerade die Liebhaber dieser Tiere unterhalten eine Vielzahl guter und informativer privater Webseiten, und es gibt scheinbar kaum ein Thema, das in entsprechenden Foren nicht diskutiert und abgehandelt wird. Daher ist die nachstehende Auflistung allenfalls als Einstieg, keinesfalls als abschließend zu betrachten!

Als Beispiele seien genannt:

www.dendrobates.org
www.dendrobase.de
www.dendrobatenforum.info
www.berlinfrogs.de

Informationen zur Futtertierzucht für Pfeilgiftfrösche im Internet erhält man beispielsweise unter:
www.froschkeller.de/futter.htm
www.osnanet.de/tegelhuetter/futter7.htm
www.berlinfrogs.de/Tipps/Springschwaenze.html
www.vampirefrogs.de/Home.html
www.kaktusfisch.de/Fr%20Futter%2002%20SS.htm

Verwendete und weiterführende Literatur

AKERET, B. (2008): Pflanzen im Terrarium. – Natur und Tier - Verlag, Münster, 400 S.

BIRKHAHN, H. (1991): Neue Erkenntnisse über die Aminosäureversorgung bei Dendrobatiden. – herpetofauna, Weinstadt, 74: 23–28.

BOLÍVAR, W. & S. LÖTTERS (2004): *Phyllobates terribilis*. – In: IUCN (2010): IUCN Red List of Threatened Species. Version 2010.4. – www.iucnredlist.org (Eingesehen am 21. Februar 2011)

BRUSE, F., M. MEYER & W. SCHMIDT (2003): Futtertiere. 2. Auflage. – Chimaira, Frankfurt am Main, 159 S.

FRIEDERICH, U. & W. VOLLAND (2005): Futtertierzucht: Lebendfutter für Vivarientiere. 4. Auflage. – Ulmer-Verlag, Stuttgart, 187 S.

GRANT, T.D., D.R. FROST, J.P. CALDWELL, R. GAGLIARDO, C.F.B. HADDAD, P.J.R. KOK, B.D. MEANS, B.P. NOONAN, W. SCHARGEL & W.C. WHEELER (2006): Phylogenetic systematics of dart-poison frogs and their relatives (Anura: Athesphatanura: Dendrobatidae). – Bulletin of the American Museum of Natural History 299: 1–262.

LÖTTERS, S., K.-H. JUNGFER, F.W. HENKEL & W. SCHMIDT (2007): Pfeilgiftfrösche – Biologie, Haltung, Arten. – Chimaira, Frankfurt am Main, 668 S.

MUTSCHMANN, F. (2009): Erkrankungen der Amphibien. 2. Auflage. – Enke Verlag, Stuttgart, 368 S.

MYERS, C.W., J.W. DALY & B. MALKIN (1978): A dangerously toxic new frog (*Phyllobates*) used by Emberá Indians of Western Colombia, with discussion of blowgun fabrication and dart poisoning. – Bulletin of the American Museum of Natural History, 161: 307–366.

– & W. BÖHME (1996): On the type specimens of two Colombian poison frogs described by A.A. BERTHOLD (1845), and their bearing on the locality „Provinz Popayan". – American Museum Novitates 3185: 1–20.

WASSÈN, S.H. (1935): Notes on southern groups of Choco Indians in Colombia. – Etnografiska Mus. Goteborg, Etnologiska Studier No. 1: 35–182.

WIDMER, A., S. LÖTTERS & K.H. JUNGFER (2000): A molecular phylogenetic analysis of the Neotropical dart-poison frog genus *Phyllobates* (Amphibia: Dendrobatidae). – Naturwissenschaften 87: 559–562.

WILMS, T. (2009). Terrarieneinrichtung – Grundlagen, Materialien, Methoden. 5. Auflage. – Natur und Tier - Verlag, Münster, 127 S.

WRIGHT, K.M. & B.R. WHITAKER (2001): Amphibian Medicine and Captive Husbandry. – Krieger Publishing Company, Malabar, Florida, 570 S.

ZIMMERMANN, H. & E. ZIMMERMANN (1985a): Zur Fortpflanzungsstrategie des Pfeilgiftfrosches *Phyllobates terribilis* MYERS, DALY & MALKIN, 1978. – Salamandra 21(4): 281–297.

– & – (1985b): Der Gelbe Pfeilgiftfrosch – *Phyllobates terribilis* (Verhalten und Pflege). – Aquarienmagazin, Stuttgart, 19(10): 424–427.

– & – (1985c): Der Gelbe Pfeilgiftfrosch – *Phyllobates terribilis* (Werbung und Eiablage). – Aquarienmagazin, Stuttgart, 19(11): 460–463.